普通高等教育"十三五"规划教材

湖南工学院校本级教材

安全工程
实验指导书

ANQUAN GONGCHENG SHIYAN ZHIDAOSHU

主　编◎牛美玲　刘爱群　王本强
副主编◎朱小勇　李　敏　贾惠侨　左华丽
参　编◎张　飞　苏扬翔　刘　朋　郑欣儒

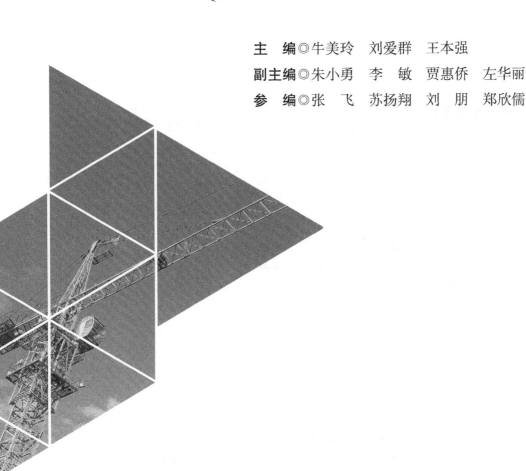

华中科技大学出版社
http://www.hustp.com
中国·武汉

图书在版编目(CIP)数据

安全工程实验指导书/牛美玲,刘爱群,王本强主编. —武汉:华中科技大学出版社,2017.8(2024.8重印)
ISBN 978-7-5680-2873-8

Ⅰ.①安… Ⅱ.①牛… ②刘… ③王… Ⅲ.①安全工程-实验-高等学校-教学参考资料 Ⅳ.①X93-33

中国版本图书馆 CIP 数据核字(2017)第 108453 号

安全工程实验指导书
Anquan Gongcheng Shiyan Zhidaoshu

牛美玲　刘爱群　王本强　主编

策划编辑：倪　非
责任编辑：倪　非
封面设计：原色设计
责任监印：朱　玢
出版发行：华中科技大学出版社(中国•武汉)　　电话：(027)81321913
　　　　　武汉市东湖新技术开发区华工科技园　　邮编：430223
录　　排：武汉市洪山区佳年华文印部
印　　刷：武汉邮科印务有限公司
开　　本：787mm×1092mm　1/16
印　　张：14
字　　数：343 千字
版　　次：2024 年 8 月第 1 版第 4 次印刷
定　　价：32.00 元

本书若有印装质量问题，请向出版社营销中心调换
全国免费服务热线：400-6679-118　竭诚为您服务
版权所有　侵权必究

前言 QIANYAN

工业化进程的加速推进,促使高校安全工程专业处于一个高速发展的时期。未来数年,我国安全工程专业的毕业生将会有大幅度增加。安全工程专业的教学与培养工作在很大程度上依赖于实验教学和实训指导。基于这一现状,我们组织编写了这本实验指导书。

本实验指导书以工程教育专业认证标准为准绳,按照安全工程专业的人才培养要求及人才培养规律,立足现实,力求创新,既与安全工程专业理论教学相适应,又强化了基本职业能力的训练。编者结合多年实验教学所积累的经验和素材,联合教研室教学团队,对现有的实验设备和拟建的实验、实训项目进行编写,涵盖了安全工程专业本科阶段的必做实验和选做实验,实验、实训项目具有很强的操作性。

本实验指导书作为安全工程专业本科阶段的配套教材,分为基础实验、专业实验、综合实践与实训三个部分,围绕部分典型安全人机工程学、人因工程学、流体力学、环境保护、职业危害与防护、火灾与爆炸灾害控制、安全监测与监控技术、起重与机械安全、通风除尘、电气安全、承压设备安全等课程的相关知识,详细介绍了有关的实验目的、实验原理、实验设备、实验步骤以及实验注意事项等。

本书由湖南工学院牛美玲、刘爱群、王本强担任主编,朱小勇、李敏、贾惠侨、左华丽担任副主编,张飞、苏扬翔、刘朋、郑欣儒为本书完成了大量的计算机文字录入和制图工作。本书在编写过程中获评湖南工学院校本级规划教材建设项目,并得到了安全与环境工程学院领导与老师的大力支持,在经表示衷心的感谢。

本实验指导书在编写过程中参照了不少著作、文献,在此向它们的作者表示感谢。由于部分内容无法查找到出处,若有遗漏之处,还请相关作者主动联系。由于编者水平有限,书中难免有错漏之处,欢迎广大读者批评指正。

编　者
2017 年 3 月

目录 MULU

第一部分 基础实验 …………………………………………………………………… (1)
- 实验一 声光简单反应时测定 …………………………………………………… (2)
- 实验二 深度知觉测试 …………………………………………………………… (6)
- 实验三 注意分配实验 …………………………………………………………… (9)
- 实验四 动作稳定性分析实验 …………………………………………………… (13)
- 实验五 多项职业能力测试 ……………………………………………………… (16)
- 实验六 视觉反应时测试实验 …………………………………………………… (21)
- 实验七 手指灵活性、手腕动觉方位能力测定手指灵活性测试 ……………… (27)
- 实验八 动作速度的测定 ………………………………………………………… (32)
- 实验九 记忆广度测量实验 ……………………………………………………… (35)
- 实验十 学习曲线——触棒迷宫测试 …………………………………………… (39)
- 实验十一 认知方式的测定 ……………………………………………………… (41)
- 实验十二 暗适应实验 …………………………………………………………… (48)
- 实验十三 学习迁移测试 ………………………………………………………… (52)
- 实验十四 注意力集中能力测试 ………………………………………………… (55)
- 实验十五 似动实验 ……………………………………………………………… (59)
- 实验十六 环境噪声测量 ………………………………………………………… (62)
- 实验十七 错觉测试实验 ………………………………………………………… (65)
- 实验十八 闪光融合频率测试 …………………………………………………… (68)
- 实验十九 镜画测试 ……………………………………………………………… (71)
- 实验二十 双手调节实验 ………………………………………………………… (74)
- 实验二十一 沿程阻力系数的测定 ……………………………………………… (76)
- 实验二十二 局部阻力系数的测定 ……………………………………………… (78)
- 实验二十三 文丘里实验 ………………………………………………………… (81)
- 实验二十四 雷诺实验 …………………………………………………………… (84)

第二部分 专业实验 …………………………………………………………………… (87)
- 实验一 通风管路全压、动压、静压测定 ………………………………………… (88)
- 实验二 粉尘特性、防尘效率测定 ………………………………………………… (91)
- 实验三 可燃和有毒有害气体事故预警实验 …………………………………… (93)
- 实验四 可燃气体燃爆事故仿真模拟实验 ……………………………………… (95)
- 实验五 闭口杯闪点测定 ………………………………………………………… (97)
- 实验六 复合气体检测报警实验 ………………………………………………… (99)
- 实验七 电梯运行与故障排查实验 ……………………………………………… (102)
- 实验八 电梯限速器测试实验(制动器实验) …………………………………… (105)

实验九　霍尔传感器大电流测量 …………………………………………………… (108)
实验十　环境安全指数测试 ………………………………………………………… (111)
实验十一　钢丝绳电脑探伤实验 …………………………………………………… (114)
实验十二　起重机吊索具探伤实验 ………………………………………………… (117)
实验十三　Y形连接电路中中性线的作用 ………………………………………… (119)
实验十四　三相异步电动机直接启动及正反转控制 ……………………………… (121)
实验十五　锅炉压力容器结构讲解 ………………………………………………… (124)
实验十六　锅炉自然水循环实验 …………………………………………………… (127)
实验十七　行程控制实验 …………………………………………………………… (129)
实验十八　金属箔式应变片——单臂电桥性能实验 ……………………………… (131)
实验十九　金属箔式应变片——半桥、全桥性能试验 …………………………… (134)
实验二十　直流全桥的应用-电子秤实验 …………………………………………… (136)
实验二十一　接地电阻测试实验 …………………………………………………… (138)
实验二十二　超声波测厚与测漏检测 ……………………………………………… (140)
实验二十三　绝缘电阻和耐电压测量实验 ………………………………………… (143)
实验二十四　工频场强测试实验 …………………………………………………… (149)
实验二十五　校园地埋管道泄漏探测 ……………………………………………… (151)
实验二十六　K型热电偶测温性能实验 …………………………………………… (153)
实验二十七　热电偶冷端温度补偿实验 …………………………………………… (155)
实验二十八　防雷检测 ……………………………………………………………… (157)
实验二十九　霍尔、磁电式测速及对比实验 ……………………………………… (159)
实验三十　霍尔式、电容式、电涡流传感器位移特性及对比实验 ……………… (161)
实验三十一　绝缘与回路电阻测量实验 …………………………………………… (165)
实验三十二　智能型预警系统实验 ………………………………………………… (168)

第三部分　综合实践与实训部分 …………………………………………………… (171)
实践一　脆弱的地球 ………………………………………………………………… (172)
实践二　大气污染、淡水危机和资源枯竭 ………………………………………… (173)
实训一　正压氧气呼吸器的检查和使用 …………………………………………… (174)
实训二　个人常用防护用品使用 …………………………………………………… (177)
实训三　人体尺寸测量 ……………………………………………………………… (179)
实训四　微气候测定与评价 ………………………………………………………… (184)
实训五　环境照明与生产效率关系测定 …………………………………………… (190)
实训六　人机信息交互界面的评价——控制室人机界面评估 …………………… (194)
实训七　心肺复苏实训 ……………………………………………………………… (200)
实训八　消防灭火实训 ……………………………………………………………… (203)
实训九　应急救援实训 ……………………………………………………………… (207)

参考文献 ……………………………………………………………………………… (213)

第一部分 基础实验

实验一　声光简单反应时测定

一、实验目的

通过光对人眼的刺激,测试人的视觉通道受光刺激的反应快慢;通过声音对耳的刺激,测定听觉通道受声音刺激的反应快慢。在安全人机工程学中,反应时间参数可用于人机系统的设计,合理设置反应时间,提高效率,避免失误。

二、实验原理

反应时间,又称反应潜伏期,它是指刺激和反应的时间间距,是人体完整的反应过程所需的时间。刺激使感官感受,经神经系统传输、加工和处理,传给肌肉而作用于外界,这些过程都需要时间,其总和就是反应时间,简称为反应时。

反应时等于知觉时加上动作时。听觉的知觉时一般为 0.115～0.185 s,视觉的知觉时一般为 0.188～0.206 s。各运动器官的动作时也不同:左手 0.144 s、右手 0.147 s、右脚 0.174 s、左脚 0.179 s,手的反应比脚的反应快。经过一定练习后,光的简单反应时一般为 0.2～0.25 s,之后可能会降至 0.2 s 以下,但无论如何练习都不能减至 0.15 s 以下。同样经过一定练习后,声的简单反应时可能降至 0.12 s。

影响反应时间的因素众多,主要有适应水平、准备状态、练习数、动机、年龄因素和个体差异、酒精和药物作用等。

三、实验仪器

该实验采用 BD-Ⅱ-501A 型声光反应测定仪,相关参数如下:
(1) 最小反应时间:0.01 s;
(2) 最大反应时间:99.99 s;
(3) 最大累计反应时间:显示 99 次,计算 655.35 s;
(4) 最大反应次数:显示 99,计算 255 次;
(5) 最大存储实验数据:声 16 次,光 16 次;
(6) 具有实验数据平均及打印输出功能;
(7) 最大平均反应时间:9.99 s;
(8) 配用耳机型号为:立体声耳机(EL-1);
(9) 配有手反应键声、光各 1 个;
(10) 电源:交流 220 V;

本仪器的功能指示由前、后两个面板组成(见图 1.1)。前面板为主控制面板,后面板为被试观察面板。

四、实验步骤

本实验主要进行简单反应时的测定,即呈现单一的刺激,要求被试做出固定的反应,具

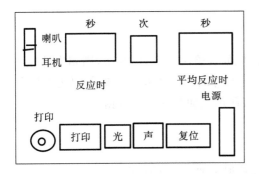 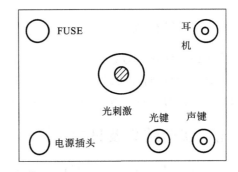

图 1.1　BD-Ⅱ-501A 型声光反应测定仪面板示意图

体步骤如下。

（一）准备

1. 主试将两个反应键分别插入后面板上的"声"和"光"插座之中，令被试左右手各持一个按键，并记住每只手持的是什么键。

2. 若使用耳机，主试将耳机插头插入仪器的"耳机"插座之中，令被试戴上耳机，主试将前面板的左侧开关拨至"耳机"端；若不用耳机，可以不插，主试将前面板的左侧开关拨至"喇叭"端。

3. 若选用打印机，主试将打印机连线接到仪器前面板"打印"接口上。

4. 主试接通电源。

5. 主试打开电源开关，提示被试准备实验。

（二）人工呈现

1. 若主试按下前面板"声"键并松开，经过 2 s 预备后，仪器发出强有力、短促的声音，同时，计时器开始走时，反应次数显示加"1"。当被试听到声响之后，选择"声"键的手做出反应，即按下"声"键，反应错误，计时停止走时，前面板上显示出该次的时间。若按下"光"键，反应错误，计时器继续走时，同时发出错误警告声，可听到一个较弱的长音，被试听到警告声，说明自己反应有错，立即改为按下"声"键，此时，计时器停止走时，计一次错误次数。

2. 若主试按下前面板"光"键松开，经过 2 s 预备后，仪器后面板中央红色发光管发出光信号，计时器开始走时，反应次数显示加"1"。被试按下"光"键，显示出该次的反应时间。若反应后，发出错误警告声，应立即改正，计一次错误次数。

3. 经过一次声或光反应后，如果没有再按前面板的"声"键或"光"键，实验会在同一个刺激下继续进行。如果主试要改变刺激的类型，必须在 2 s 的预备时间内再次按下前面板的"声"键或"光"键。

4. 如果要求实验结束，在 2 s 的预备时间内，按下前面板"打印"键，则实验结束，显示出光与声的累计反应时间、总实验次数、平均反应时。若选用打印机则进行打印输出，打印出实验数据。按下前面板"光"键，显示光的相应数据。同样，按下前面板"声"键，显示声的相应数据；松开"声"键，显示恢复光与声加和值。

（三）复位

实验如需重新开始，则主试按前面板"复位"健，显示窗全部清零，回到开始状态。

（四）打印格式

由于最大储存实验数据，声、光各 16 次，因此如实验次数超过 16 次，则超出部分覆盖掉开始部分，即只能打印出最后 16 次的值，但累计反应时间与平均反应时等仍为实际的全部次数值。如没有进行声或光的其中一项，则不打印声光加和的实验数据。

五、实验结果及讨论

1. 实验数据记录表：声光反应时测试实验数据表如表 1.1 所示。

表 1.1 声光反应时测试实验数据表

次数/时间 刺激类型	光	声
1		
2		
3		
4		
5		
6		
7		
8		
9		
10		
总的反应时间		
平均反应时间		
错误次数		

2. 结合实验数据说明影响声光反应时的因素有哪些？

3. 请列举出生活中应用到声光反应时的例子。

六、注意事项

1. "声"或"光"键在左手或右手是随机的，被试在头脑中应有所记忆，不能把眼睛盯在"声"和"光"键上面。

2. 实验前,主试应清楚地表达实验指导语,待被试完全理解后开始实验。在操作的过程中,主试看主试面板,被试看被试面板,且主试在实验的整个过程中一定要保持表情和语言上的中立性。

3. 实验中,先做声或光的测试其顺序是随机的,即先做哪种测试都可以。

实验二　深度知觉测试

一、实验目的

深度知觉测试是测试人的视觉在深度上的视锐程度,通过测试可以了解双眼对距离或深度的视觉误差,也可以比较双眼和单眼在辨别深度中的差异。

二、实验原理

空间知觉是人类重要的知觉形式,包括人对事物的形状、大小、深度、方位等空间特性的知觉。深度知觉是空间知觉的一种,是人对物体的远近或距离的一种知觉。

在视空间知觉问题上,心理学家一直在探讨一个有趣的问题:我们的视网膜是二维的,同时又没有"距离感受器",但为什么能知觉三维空间? 经过多方面研究发现:人在形成视空间知觉的过程中,只有依靠许多客观条件和主观条件,才能判断物体的空间位置,这些条件被称为深度线索。深度线索一般分为非视觉性深度线索和视觉线索。非视觉性深度线索包括眼睛的调节和双眼视轴的辐合,视觉线索包括使用双眼时的双眼视差和使用单眼时所利用的单眼线索。

三、实验仪器

该实验采用 EP503A 深度知觉测试仪。

（一）主要技术指标

1. 比较刺激移动速度分快慢两挡:快挡 50 mm/s,慢挡 25 mm/s。
2. 比较刺激移动方向可逆,±200 mm。
3. 比较刺激移动范围:400 mm。
4. 比较刺激与标准刺激的横向距离为 55 mm。
5. 工作电压:220 V,50 Hz。

（二）工作原理

1. EP503A 深度知觉测试仪结构如图 2.1 所示。

在实验过程中,移动比较刺激,使之与标准刺激三点成一直线,可测出被试视觉在深度上的差异性。

2. 遥控键如图 2.2 所示。

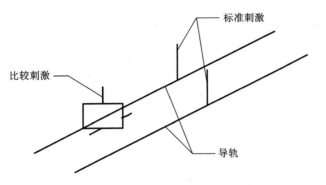
图 2.1 EP503A 深度知觉测试仪结构

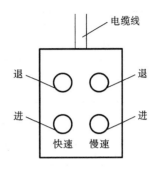
图 2.2 EP503A 深度知觉测试遥控器面板示意图

3. 面板布置如图 2.3 所示。

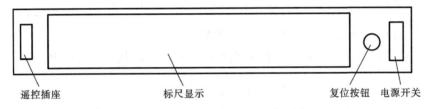
图 2.3 EP503A 深度知觉测试面板示意图

四、实验步骤

1. 被试在仪器前,视线与观察窗保持水平,头部固定,使自己能看到仪器内两根立柱中部。
2. 以仪器内其中一根立柱为标准刺激,距离被试 2 m,位置固定;另一根可移动的立柱为变异刺激,被试可以操纵电键前后移动。
3. 正式实验时,先由主试将变异刺激调至任意位置,然后要求被试仔细观察仪器内两根立柱,自由调整,直至被试认为两根立柱在同一水平线上,离眼睛的距离相等为止。被试调整后,主试记录两根立柱的实际误差值,填入实验数据记录表中。
4. 实验过程中,先进行双眼观察 20 次,其中 10 次是变异刺激在前,由近到远调整;另外 10 次是变异刺激在后,由远到近调整。顺序和距离随机安排。
5. 用上述同样的方法进行 20 次单眼观察。

五、实验结果及讨论

1. 实验数据记录表:单眼和双眼观察数据记录表如表 2.1 所示。

表 2.1 单眼和双眼观察数据记录表

观察条件 次 数	双眼观察		单眼观察	
	远→近	近→远	远→近	近→远
1				
2				

续表

次 数 \ 观察条件	双眼观察		单眼观察	
	远→近	近→远	远→近	近→远
3				
4				
5				
6				
7				
8				
9				
10				
平均数				

2. 计算双眼和单眼 20 次测量误差的平均数。

3. 计算在双眼观察情况下表示深度知觉阈限的视觉差,其计算公式为

$$\eta = \frac{a \cdot X}{Y(Y-X)} \times 206265 \text{ s}$$

式中,η 为视觉差;a 为观察者两眼间的距离,取平均值 65 mm;X 为视差距离,即为判读误差(平均数);Y 为观察距离,即为被试距标准刺激的距离。

4. 根据全体被试双眼和单眼误差的平均数,用 t 检验的方法,检验双眼和单眼辨别远近的能力是否有显著差异。

六、注意事项

1. 主试应在实验开始前清楚地表达实验指导语,待被试完全理解后开始实验。在操作过程中,主试看主试面板,被试看被试面板,且主试在实验的整个过程中一定要保持表情和语言上的中立性。

2. 实验过程中由于次数比较多,如果感觉累了,可以稍作休息再进行。不过,被试位置移动后,一定要重新测量位置才能开始实验。

3. 本实验一共分两个时间段,分别是双眼操作和单眼操作。在单眼操作的过程中,根据自己的视力情况,选择一只视力正常的眼睛,另一只带上眼罩即可。

4. 实验过程中,无关同学不要干扰正在进行实验的同学。另外,要用指腹按压按键,切不可用手指甲去掐按键。

实验三　注意分配实验

一、实验目的

注意分配实验可测量被试在同时进行"听"与"看"时的注意分配能力,验证被试同时做两件事的可能性。

二、实验原理

注意分配指人在同一时间内把注意指向两种或两种以上的活动或对象的能力。它是人根据当前活动需要主动调整注意指向的一种能力,与注意分散有本质区别。其实现主要取决于是否具有熟练的技能技巧,即同时进行的两种或两种以上的活动中,只能有一种是生疏的、需要加以集中注意的,而其余的动作则必须是相当熟练的处于注意的边缘即可完成的。此外,同时进行的几种活动必须是在人的不同加工器内进行信息加工的,否则不可能实现一心二用或多用。

注意分配的水平,依赖于同时进行的几种活动的性质复杂的程度和个体熟练程度。通常情况下,同时进行的几种活动之间存在着内在联系,处于邻近空间内、复杂程度低、个体熟练程度高时,利于注意分配,否则注意难于分配。

本实验中,声音刺激分高音、中音、低音三种,要求被试对仪器连续或随机发出不同声音刺激做出判断和反应,用左手按下不同音调相应的按键。光刺激由八个发光二极管形成环状分布,要求被试对仪器连续或随机发出的不同位置的光刺激做出判断和反应,然后用右手按下发光二极管相对应位置的按键。依此方法快速反复操作一个单位时间(单纯声音、单纯灯光、声音+灯光),由仪器记录正确的反应次数。

注意分配值 Q 为

$$Q=\sqrt{S_2/S_1 \times F_2/F_1}$$

式中,S_1 为被试对单独声刺激的反应次数;S_2 为声、光两种刺激同时出现时,被试对声刺激的反应次数;F_1 为被试对单独光刺激的反应次数;F_2 为声、光两种刺激同时出现时,被试对光刺激的反应次数。

三、实验仪器

采用 BD-Ⅱ-314 型注意分配实验仪。

本实验仪器由单片机及有关控制电路、主试面板、被试面板等部分组成。主试面板设有功能选择拨码开关,三位数码显示器,音量调节旋钮等;被试面板设有低音、中音、高音三个反应键,八个发光二极管和与其对应的八个光反应键。

1. 主试面板说明。

(1)"工作"指示灯;

(2)"启动"键——主试开始测试键;

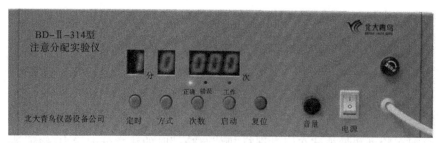

(3)"复位"键——中间强行中断或者每完成一组实验后重新开始;

(4)数码显示器;

(5)音量控制旋钮——实验前由主试调整合适音量;

(6)"定时"键:主试按此键设置每组实验时间,1~9 min 九挡,数码显示于此键上方;

(7)"方式"键:选择工作方式,数码显示于此键上方;

(8)"次数"键:实验结束后,选择显示的次数为正确次数或错误次数,其键上方的相应指示灯亮。

不同方式所对应的功能如表 3.1 所示。

表 3.1 方式与功能对照表

方 式	功 能
0	自检方式,此方式时可试音、试光,既可以检查仪器好坏,也可以让被试熟悉低、中、高三种声调
1	中、高二声反应方式
2	低、中、高三声反应方式
3	光反应方式
4	二声+光反应方式
5	三声+光反应方式
6	测定 Q 值,二声反应、光反应、二声+光反应三项实验连续进行
7	测定 Q 值,三声反应、光反应、三声+光反应三项实验连续进行

2. 被试面板说明。

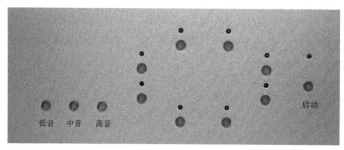

(1)3 个声信号操作键:听到低音按"低音"键,听到中音按"中音"键,听到高音按"高音"键;

(2)8 个光信号操作键:依据红灯亮位置按下对应操作键;

(3)光信号灯:红灯亮为光刺激;

(4)工作指示灯:灯亮表示工作态;灯闪烁表示规定时间内完成了一项操作,中间休息;灯灭表示一组实验完成;

(5)"启动"键:与主试面板一致,为开始测试键。

四、实验步骤

1. 插好 220 V 电源插头,开"电源"开关,电源指示灯亮。
2. 检测(试音,试光)。

主试将工作方式设定为"0",按复位键后,让被试分别按压三个声音按键,细心辨别三种音调并记牢;分别按压 8 个光按键,对应发光二极管亮;按"启动"键,操作指示灯亮,则表示仪器正常,方可进行测试实验。

注意:

正式开始测定注意分配值 Q 前,按下"复位"键,然后再设置"时间"键和"方式"键。

3. 注意分配实验过程(定时设定为一分钟为例)。

"方式"键设定为"6",则首先进行"二声"测试,一分钟时间结束,启动灯开始闪烁,则需按"启动"键,实验继续;接着进行"光"测试,一分钟时间结束,启动灯开始闪烁,则需按"启动"键,实验继续;接着进行"二声"与"光"混合测试,一分钟时间结束,启动灯不再闪烁,说明实验结束。即:每项实验完成后,中间将休息,启动灯闪烁,按"启动"键,实验继续,启动灯灭掉,则说明一大组实验结束。同理,把"方式"键设定为"7",则进行的是"三声"、"光"以及"三声光混合"的一大组实验,实验时被试可以根据自己的需要随机选择。最后,由仪器自动计算出注意分配值 Q。

4. 查看被试测试成绩。

(1) 测试过程中,将实时显示正确或错误次数,显示正确次数,相应"正确"指示灯亮;显示错误次数,相应"错误"指示灯亮。方式"4 或 5"声光组合实验,显示正确或错误次数时,声为显示方式"4 或 5",光为显示方式"4. 或 5.",即光有小数点以示区别。

(2) 测定 Q 值实验(方式 6 或 7):按"方式"键,可以查看每项的实验数据,对应方式显示为 1/2(声)→3.(光)→4/5(声光组合中声)→4./5.(声光组合中光)→6/7(Q 值),依次循环。按"次数"键,查看对应的正确或错误次数。显示 Q 值时,按"次数"键无效,相应指示灯全灭;当 Q 值>1.0,注意分配值无效,显示"—. — —"。

5. 对新被试测试时,主试应按下复位键,重复上述实验过程。

五、实验结果及讨论

1. 实验数据记录表:注意分配数据表如表 3.2 所示。

表 3.2 注意分配数据表

次数 项目 刺激	声		光	
	正确 反应次数	错误 反应次数	正确 反应次数	错误 反应次数
单独声(三声或二声)				
单独光				
声光混合				

2. 记录注意分配值 Q,并进行评价。
备注 Q 判定：
(1) $Q<0.5$,没有注意分配值；
(2) $0.5 \leqslant Q<1.0$,有注意分配值；
(3) $Q=1.0$,注意分配值最大；
(4) $Q>1.0$,注意分配值无效。

3. 比较不同被试的注意分配值 Q,并分析差异原因。

4. 在现实生活中,请举例说明哪些工作需要具备注意分配能力？

六、注意事项

1. 8个发光二极管呈现的顺序是随机的,被试只需要用右手对亮起的二极管进行按键操作即可。低、中、高三个声音按键,用左手进行相应的操作。不要用力过大,要保护仪器。

2. 操作时,主试应清楚地表达实验指导语,待被试完全理解后开始实验。在操作过程中,主试看主试面板,被试看被试面板,且主试在实验的整个过程中一定要保持表情和语言上的中立性。

3. 本实验一共有三个时间段,分别是对单独声音反应、单独光反应、声光同时反应,在操作的过渡阶段不要按"复位"键,否则实验数据会归零。

4. 在选择工作方式时应注意,每次只可选择两组中的一组,不允许组间混合操作。

实验四 动作稳定性分析实验

一、实验目的

动作稳定性是多项动作技能的重要指标。对动作稳定性的测定和训练,是许多工种特别是特殊工种的任务。本实验能测量简单动作的稳定性及手和手臂的协调性,并能检验情感对动作稳定性的影响。

二、实验原理

当尽量控制自己的身体、手臂、手指等保持不动时,往往仍可以看得见不由自主的细微颤动(在有某些神经病或年老时,手的这种控制不住的运动会明显增大,即颤动的范围会扩大)。

身体某部位这种不由自主地颤动的范围可作为控制运动能力的指标(颤动范围越大,控制运动的能力就越低;颤动范围越小,控制运动的能力就越强)。颤动范围又可作为情绪强度的指标(一个人处于某种情绪状态时,这种身体不自主地运动也会比没有这种情绪时明显)。人的动作稳定性并非一成不变,可以通过训练得到提高。

三、实验仪器

本系统包括两部分,EP704A 型凹槽平衡实验仪和 EP704 型九孔实验仪,配 EP001 型计时计数器。

EP704A 型凹槽平衡实验仪的结构如图 4.1 所示,EP704 型九孔实验仪的结构如图 4.2 所示。

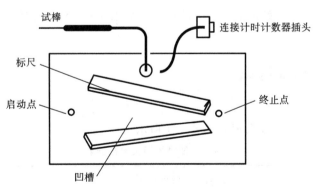

图 4.1 EP704A 型凹槽平衡实验仪的结构

四、实验步骤

1. 凹槽平衡实验仪使用方法。

(1)将连接插头插入计时计数器,将试棒的插头插入仪器的输入插口,打开计时计数器

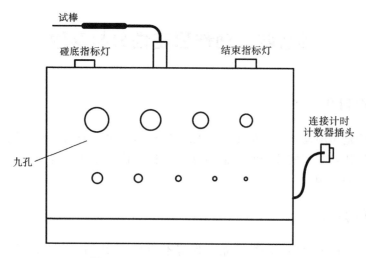

图 4.2　EP704 型九孔实验仪的结构

的电源开关,计时计数器显示 000.00。

(2) 被试拿试棒,接触一下仪器的启动点,计时计数器开始计时,试棒在凹槽从宽口处向窄口处移动(试棒不能离开镜面,如试棒碰到凹槽的边,计时计数器就计出错一次),当试棒移出凹槽的窄口碰到终点后,计时计数器停止工作,蜂鸣器鸣响,实验结束,按动计时计数器上的"N/T"按钮,获得实验的时间和出错次数。

2. 九孔实验仪使用方法。

(1) 将连接插头插入计时计数器,将试棒的插头插入仪器的输入插口,打开计时计数器的电源开关,计时计数器显示 000.00。

(2) 被试拿黑色试棒,触碰一下除最小孔以外的孔底(一般最大的孔),计时计数器计数开始,从大孔到小孔依次往下做,每次试棒深入时,必须碰到底部,碰底指示灯亮。计时计数器出错一次,同时蜂鸣器鸣响,碰壁指示灯亮。当做到小孔时碰到孔底计数停止,结束指示灯点亮,同时蜂鸣器鸣响,实验结束。按动计时计数器上的"N/T"按钮,获得实验的时间和出错次数。

五、实验结果及讨论

1. 实验数据记录表。

(1) 凹槽平衡实验,实验数据表如表 4.1 所示。

表 4.1　凹槽平衡实验数据表

项　　次		1	2	3	4	5
时间	左手					
	右手					
出错次数	左手					
	右手					

(2) 九孔实验,实验数据表如表 4.2 所示。

表 4.2　九孔实验数据表

项次		1	2	3	4	5
时间	左手					
	右手					
出错次数	左手					
	右手					

2. 比较左、右手的动作稳定性,通过训练是否可以提高动作稳定性?

3. 动作稳定性的研究一般在哪些研究和生活领域可以用到?

六、注意事项

1. 操作时,主试应清楚地表达实验指导语,待被试完全理解后开始实验。在操作过程中,主试看主试面板,被试看被试面板,且主试在实验的整个过程中一定要保持表情和语言上的中立性。

2. 实验过程中,由于涉及左手和右手操作,起始点都是在左侧,即实验都是从左到右进行,点击右侧的结束点结束实验。

实验五　多项职业能力测试

一、实验目的

本实验通过对人的多项心理功能进行综合测试,从而了解人的综合心理素质,可为职业选择、职业培训提供科学依据。

二、实验原理

职业能力是个体能力的重要组成部分,也是判断个体是否能够胜任某项工作的重要指标。

职业能力包含了多项心理认知功能,其中,多种类型的反应时间、双手调节都可作为衡量职业能力的重要依据。

反应时是心理学测验的一个重要指标,可以反映心理过程简单或复杂的程度,也可以反映不同的熟练程度及记忆、遗忘程度,同时也是思维敏捷性的表现。反应时测定可作为技能训练和人员选拔的一种测量方法,也可广泛应用于多种行业的职业能力测定与人员培训,是评价认知能力的手段之一。

F. C. Donders 曾将反应时分为三类,即简单反应时、选择反应时和辨别反应时。

简单反应时(又称作 a 反应时)是指给被试以单一的刺激,只要求做单一的反应,这时刺激与反应之间的时距就叫简单反应时。

选择反应时(又称 b 反应时)指的是可能呈现的刺激不止一个,对每个刺激都要求被试做一个不同的反应,被试事先是不知道但哪一次出现哪个刺激的。

辨别反应时(又称 c 反应时)指的是可能呈现的刺激不止一个,但要求被试只对其中的一个刺激做一个固定的反应,而对其他的刺激不反应。

双手协调能力是注意力分配能力的重要体现。双手协调器是将动作目标通过双手完成某项工作的仪器,可以测量被试的双手协调能力和注意分配能力。

三、实验仪器简介

本实验采用 BD-Ⅱ-509 型多项职业能力测量仪,其组成如下。

1. 多项反应测定仪可进行选择反应时、辨别反应时、简单反应时及运动时的测定,主要指标如下:

(1) 红光、黄光、绿光(声音)按程序随机呈现,各 10 次,共 30 次;

(2) 可存储实验数据共 30 次,能分别打印输出红光、黄光、绿光(声音),能计算、打印出各种反应时的正确总反应时间、反应时平均值、反应时分散度以及打印输出各次反应时间;

(3) 最大有效计时:每次 4.00 s;

(4) 最小有效计时:每次 0.01 s;

(5) 彩色光源:可由微机控制程序呈现红、黄、绿三色光,光源直径 $\phi 34$ mm;

(6) 反应键及连线:黄光、绿光手键各 1 根,红光为脚键 1 只;

2. BD-Ⅱ-509A 型定时计时计数器:1 套(另见使用说明书)。

3. 打印机及专用电源:TPup-T16S 打印机 1 台,5 V 电源 1 只,打印机连线 1 根,打印机波特率设定为 1200。

4. 双手调节器 1 台。

5. 工作电源:220 V,50 Hz。

BD-Ⅱ-509 型多项职业能力测量仪的主机"多项反应时测定仪"面板如图 5.1、图 5.2 所示。

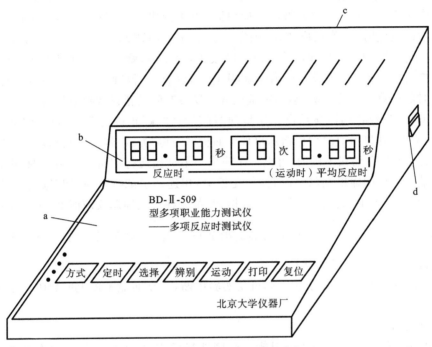

图 5.1 多项职业能力测量仪主机

a—正平面板;b—正主面显示窗板;c—背面插孔板;d—侧面电源开关

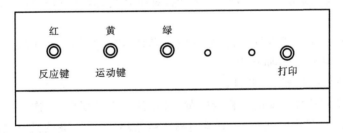

图 5.2 背面插孔板图

四、实验步骤

1. 简单反应时。

实验一已有详细介绍,此处不再复述。

2. 选择反应时。

(1) 主试令被试右手握绿光键,左手握黄光键,将红光键放在地上,用左脚脚尖压在脚键上(被试应按几次键,以掌握力的大小)。主试将各键另端插入背面插孔板的相应插孔内。

(2) 主试将彩色光源灯放在被试的正前方,光源线插在背面插孔板的五芯插座中。

(3) 主试接通电源(220 V,50 Hz),并打开侧面开关。

(4) 主试口头提示被试实验开始。主试按下下方的"选择"键,实验按编好的程序随机呈现各色灯光(每组实验红、黄、绿光随机呈现 10 次),被试注视彩色光源灯,灯下面有一只预备信号灯,先亮预备灯,后亮彩光灯。次序及呈现方式为:预备信号灯亮 2 s—反应光(随机呈现红、黄、绿)呈现刺激 1 s—灯灭后间隔 3 s,依次循环。全部做完,彩色灯共亮 30 次。

(5) 被试见到灯光之后立即做出反应(即按下手或脚键),反应正确,显示窗计时停止,呈现出该次的反应时间,若反应错误,则错误次数加一,蜂鸣器发出长音,提示被试反应错误,此时显示窗的计时继续走时,被试应立即改正,改正后,蜂鸣器和计时停止,显示窗呈现该次的反应时间。若 4 s 内没有正确反应,则记一次错误次数,此 4.00 s 反应时不进入平均正确反应时的计算。之后实验,显示窗呈现各次反应时间及错误次数累积值。

(6) 30 次实验结束后,显示窗依次呈现"红""黄""绿"正确总反应时间、错误次数累积值、平均反应时,其显示值的颜色指示出现于面板的左侧"方式"键旁的指示灯。

(7) 实验数据存储在主机内,可以打印输出。主试接通打印机及专用电源,再将打印机信号输入端与主机的输出端(在背面插件孔板上)相连。主试按下"打印"输出键,则打印出错误次数、红黄绿各 10 次反应时的实验数据、红黄绿各自正确总反应时间、平均正确反应时 $\overline{X}$、分散度 $S=\pm\sqrt{\frac{(X_i-\overline{X})^2}{n}}$,其中,实验数据如果是 4.00,则值后有"R"标记,表示此次实验没有进行反应,其值不进入计算。

(8) 主试按一下右下方"复位"键,可使实验中断,正立面显示窗上的数码显示全部清零(下同)。

3. 辨别反应时。

(1) 连线及红光、黄光、绿光的呈现方法同选择反应时,主试选择一种作为被试正确反应的光,即该颜色的光要做出反应,其他颜色光呈现不反应(若做出反应就是错误)。主试按"方式"键,选择作为正确反应的刺激灯光颜色,对应亮其键左侧指示灯。如选择"声",则不能进行实验。

(2) 主试要求被试右手握绿光键,左手握黄光键,用左脚脚尖轻压红光键。主试将各键另端插入背面插孔板的相应插孔内。

(3) 主试按下"辨别"键,实验开始。

(4) 整个实验同选择反应时一样,红、黄、绿光各随机呈现出 10 次。次序及呈现方式仍然为:预备信号 2 s—呈现时间 1 s—刺激间隔 3 s,循环 30 次。被试只对主试给定的一种光做出正确的反应,其余光呈现不反应。若做出反应为错误反应,记错误次数 1 次。给定的一种光显现后若反应错误,则错误次数加一,蜂鸣器发出长音,被试应立即改正,改正后,蜂鸣器和计时停止。若 4 s 内没有正确反应,则记一次错误次数,此反应时不进入平均正确反应时等计算。

(5) 30 次实验结束后,显示窗呈现给定光的正确总反应时间、错误次数累计值、平均反应时。

(6) 打印输出:主试按下"打印"键,打印机即打印错误次数、该光的 10 次反应时、正确总反应时、平均正确反应时、分散度。

4. 双手调节器(见图 5.3)。

双手调节器配定时计时计数器使用。

(1) 主试将计数线插入定时计时计数器的"计数"与"地"插座内。

(2) 将描针移到图案的一个起点(如一个角),令被试操作双杆,沿着一定方向(如顺时针)使描针在图案内走一周。若在移动过程中离开图案与金属板接触,接触一次,蜂鸣器响一声,计数器记录一次失误。

(3) 主试先将定时器定时时间调到"00 分 00 秒"(只计时不定时),再按一下"启动"键,计时开始,被试立即开始按一定方向移动双杆。走完一周后,主试再按一下"启动"键,计时器停止走时。实验时间和失误次数由定时计时计数器给出。

(4) 本仪器还可以令被试在给定的时间内在图案内按给定的方向不停移动,这样主试就将定时器调到需要的时间(见定时计时计数器说明书)。

如定时时间设定为 1 min,主试按一下"启动"键,被试就开始移动,到 1 min 后自动停止,计数器就显示失误次数、定时时间。主试还可以设计其他实验方法。

(5) 按"打印"键,打印出失败次数与时间。

五、实验结果及讨论

1. 选择反应时数据记录表如表 5.1 所示。

表 5.1 选择反应时实验数据表

项目 \ 时间或次数 \ 刺激	红	黄	绿
正确总反应时间($\sum$)			
平均正确反应时间(AV)			
分 散 度(S)			
错误次数(ERR. NO)			

分析影响反应时的因素有哪些?

2. 辨别反应时数据记录表如表 5.2 所示。

表 5.2 辨别反应时实验数据表

项目 \ 时间或次数 \ 刺激	错误次数	10次 正确总反应时间	平均反应时	分 散 度
绿 光				
红 光				
黄 光				

分析影响反应时的因素有哪些?

3. 双手协调实验数据记录表。

(1) 在图案内走一周,双手协调实验数据表如表 5.3 所示。

表 5.3 双手协调实验数据表

实验次数 \ 时间或次数 \ 项目	使用时间	失误次数
1		
2		

(2) 沿图案走一分钟,双手协调实验数据表如表 5.4 所示。

表 5.4 双手协调实验数据表

实验次数 \ 时间或次数 \ 项目	失误次数	圈数
1		
2		

分析影响双手协调性的因素有哪些?

六、注意事项

1. "黄色"或"绿色"按钮在左手或右手是随机的,被试在脑中应有所记忆,不能把眼睛盯在按钮上面。脚键应用脚尖轻轻踏在上面,对红色进行反应。

2. 操作时,主试应清楚地表达实验指导语,待被试完全理解后开始实验。在操作过程中,主试看主试面板,被试看被试面板,且主试在实验的整个过程中一定要保持表情和语言上的中立性。

3. 本实验中,一共可以做三种反应时的测试。由于简单反应时的测试比较简单,且在实验一中已经做过,故本实验做剩余的两种反应时测试。

4. 双手协调实验部分,要求被试在规定的轨道上操作,不能架空,主试认真记录实验数据。

实验六　视觉反应时测试实验

一、实验目的

使用视觉反应测试仪测定刺激概率、数和奇偶不同排列的刺激特征、数差大小排列的刺激特征、信息量及"刺激对"呈现的时间间隔对视觉反应时的影响数据,检测被试的判别速度和准确性。

二、实验原理

视觉反应时与测试量、刺激特征、刺激信号的差异、刺激对象等有关,通过设定一定的实验次数并改变刺激信号的概率、刺激数特征、信息量及差异等方式,便可得出人的反应时与刺激的关系,主要实验内容如下：

(1) 刺激概率对视觉反应时的影响；
(2) 数和奇偶不同排列的刺激特征对反应时的影响；
(3) 数差大小排列的刺激特征对反应时的影响；
(4) 信息量对反应时的影响；
(5) "刺激对"呈现的时间间隔对反应时的影响。

三、实验仪器

本实验采用 BD-Ⅱ-511 型或 SHJ-Ⅲ型视觉反应时测试仪,如图 6.1 所示。

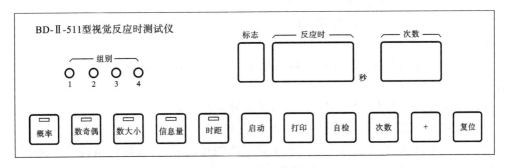

图 6.1　仪器主试面板示意图

本仪器采用单片机控制,设有主试与被试两个面板。主试面板由八个数码管显示器及功能控制键组成。被试面板是 7×15 个三色光点阵的显示屏,可翻转折叠,便于仪器的保管及运输。仪器的右侧板上装有被试回答微动开关接口,打印机接口及电源开关。本仪器设有五大类共 17 组实验,可通过按键及指示灯选择一组实验,通过按键可任意设定每组实验的次数(10~255),实验过程中显示器随时显示每次实验的反应时间。每组实验完成后,显示器自动显示每组的平均反应时间、错误次数,并可通过打印机打印出实验结果(打印机为选配件)。

四、实验步骤

1. 刺激概率数对视觉反应时的影响

这个实验是用红、绿、黄三种色光分别作为刺激,每次实验用一种色光刺激,实验次数可按实验需要选定,实验次数设定后,仪器根据设定的组别,自动计算出该组实验中的红、绿、黄三种色光应出现的次数(如选定实验次数少,计算的各色光出现次数误差大)。按红、绿、黄三种色光出现次数的不同比例共分为四组实验,即"概率1"(组别为1)、"概率2"(组别为2)、"概率3(组别为3)"、"概率4"(组别为4)。

主试:

做本实验时,主试按下主试面板上的"概率"键选择对应的概率实验,再根据需要选定实验次数,向被试说明实验内容和要求,告诉被试"实验开始"的同时按下"启动"键。

被试:

被试看到刺激后可选用任意微动开关尽快做出回答。每组实验完后,仪器将自动反复显示本组实验中红、绿、黄三种色光的各自反应时。

标志显示器为1时:反应时为红色光平均反应时间,次数为红色光出现次数。

标志显示器为2时:反应时为绿色光平均反应时间,次数为绿色光出现次数。

标志显示器为3时:反应时为黄色光平均反应时间,次数为黄色光出现次数。

2. 数和奇偶不同排列特征对反应时的影响。

主试:

做本实验时,主试按下主试面板的"数奇偶"键选择对应组别,实验次数可按需要选定,实验用红色光刺激,根据数排列特征不同分三组实验。

"横和奇、偶":数横向整齐排列(组别1)。

"竖和奇、偶":数竖向整齐排列(组别2)。

"随机和奇、偶":数随机排列(组别3)。

被试:

刺激在显示屏两侧4×4点阵区域内显示。数和是奇数还是偶数,用手按微动开关回答。

显示屏左右刺激和为奇数,用"左"微动开关回答为正确。

显示屏左右刺激和为偶数,用"右"微动开关回答为正确。

若回答正确,显示器自动显示每一次正确判断的反应时间;若回答错误,仪器响蜂鸣提示,自动记录错误次数。实验结束,仪器自动显示被试成绩。

标志显示器无显示,反应时显示为正确回答的平均反应时间,次数显示为错误回答的总次数。

3. 数差大小排列特征对反应时的影响

主试:

做本实验时,主试按下主试面板的"数大小"键选择对应组别,实验次数可按需要选定,实验用红色光刺激,根据数排列特征不同分三组实验。

"横差大小":数横向整齐排列(组别1)。

"竖差大小":数竖向整齐排列(组别2)。

"随机大小":数随机排列(组别3)。

被试：

刺激在显示屏两侧4×4点阵区域内显示。左边和数大还是右边和数大，用手按微动开关回答。

显示屏左刺激和大时，用"左"微动开关回答为正确。

显示屏右刺激和大时，用"右"微动开关回答为正确。

若回答正确，显示器自动显示每一次正确判断的反应时间；若回答错误，仪器响蜂鸣提示，自动记录错误次数。实验结束，仪器自动显示被试成绩。

标志显示器无显示，反应时显示为正确回答的平均反应时间，次数显示为错误回答的总次数。

4. 信息量对反应时的影响。

主试：

做本实验时，主试按下主试面板的"信息量"键选择对应组别，实验次数可按需要选定，本实验用红、绿色光刺激，根据信息量方式分三组实验。

信息量1：在显示屏中间随机显示红"大"或绿"大"正方形(组别1)。

信息量2：在显示屏中间随机显示红"大"、红"小"、绿"大"、绿"小"正方形(组别2)。

信息量3：在显示屏左右两边随机显示红"大"、红"小"、绿"大"、绿"小"正方形(组别3)。

被试：

刺激信息分正、负两种。被试只对正刺激回答，对负刺激不回答。

信息量1：呈现红大正方形为正刺激，应回答。

　　　　　呈现绿大正方形为负刺激，不回答。

信息量2：呈现红大正方形或绿小正方形为正刺激，应回答。

　　　　　呈现绿大正方形或红小正方形为负刺激，不回答。

信息量3：左侧呈现红色大正方形，右侧呈现红色小正方形为正刺激，应回答。

　　　　　左侧呈现绿色小正方形，右侧呈现绿色大正方形为正刺激，应回答。

　　　　　左侧呈现绿色大正方形，右侧呈现绿色小正方形为负刺激，不回答。

　　　　　左侧呈现红色小正方形，右侧呈现红色大正方形为负刺激，不回答。

出现正刺激时，被试可按左、右任意一个微动开关回答；出现负刺激时，被试不用回答，2 s后负刺激消失。若回答正确，显示器自动显示每一次正确判断的反应时间；若回答错误，仪器响蜂鸣提示，自动记录错误次数。实验结束，仪器自动显示被试成绩。

标志显示器无显示，反应时显示为正确回答的平均反应时间，次数显示为错误回答的总次数。

5. "刺激对"呈现的时间间隔对反应时的影响。

主试：

做本实验时，主试按下主试面板的"时距"键选择对应组别，实验次数可按需要选定。本实验用红色光呈现刺激，用4对字母"AA""Aa""AB""Ab"作为刺激，根据每队字母呈现时间的不同分为四组实验。

时距1：两字母同时呈现(组别为1)。

时距2：两字母呈现时间间隔为0.5 s。第一个字母呈现2 s消失，隔0.5 s呈现第二个字母(组别为2)。

时距3:两字母呈现时间间隔为1 s。第一个字母呈现2 s消失,隔1 s呈现第二个字母(组别为3)。

时距4:两字母呈现时间间隔为2 s。第一个字母呈现2 s消失,隔2 s呈现第二个字母(组别为4)。

被试:

刺激在显示屏左、右两侧呈现。

对"AA""Aa"两对刺激应判为相同,回答应按"左"微动开关。

对"AB""Ab"两对刺激应判为不同,回答应按"右"微动开关。

五、实验结果及讨论

1. 数和奇偶不同排列特征对反应时的影响,实验数据表如表6.1所示。

表6.1 数和奇偶不同排列特征对反应时影响的实验数据表

组别	时间/次数 项目	正确回答的平均反应时/s	错误次数	设定次数
1				
2				
3				

由实验数据分析数和奇偶不同排列特征对反应时的影响?

2. 数差大小排列特征对反应时的影响,实验数据如表6.2所示。

表6.2 数差大小排列特征对反应时影响的实验数据表

组别	时间/次数 项目	正确回答的平均反应时/s	错误次数	设定次数
1				
2				
3				

由实验数据分析数差大小排列特征对反应时的影响?

3. 刺激概率对反应时的影响,实验数据如表6.3所示。

表 6.3 刺激概率对反应时的影响实验数据表

刺激 \ 时间/次数 \ 组别	红		绿		黄		设定次数
	平均反应时间/s	出现次数	平均反应时间/s	出现次数	平均反应时间/s	出现次数	
1							
2							
3							
4							

由实验数据分析刺激概率对反应时的影响。

4. 信息量对反应时的影响,实验数据如表 6.4 所示。

表 6.4 信息量对反应时的影响实验数据表

项目 \ 时间/次数 \ 组别	正确回答的平均反应时/s	错误次数	设定次数
1			
2			
3			

由实验数据分析信息量对反应时的影响。

5. "刺激对"呈现的时间间隔对反应时的影响,其实验数据如表 6.5 所示。

表 6.5 "刺激对"呈现的时间间隔对反应时的影响实验数据表

项目 \ 时间或次数 \ 组别	正确回答的平均反应时/s	错误次数	设定次数
1			
2			
3			
4			

由实验数据分析"刺激对"呈现的时间间隔对反应时的影响。

六、注意事项

1. 操作时,主试应清楚地表达实验指导语,待被试完全理解后开始实验。在操作过程中,主试看主试面板,被试看被试面板,且主试在实验的整个过程中一定要保持表情和语言上的中立性。

2. 实验过程中,请不要太靠近桌子,以免触碰到电源插座从而影响实验数据的记录和打印;注意主试和被试的及时更换,以自己的实验数据为分析依据;在实验过程中,无关人员不要干扰正在进行实验的被试;不要用手指甲去掐按钮。

实验七 手指灵活性、手腕动觉方位能力测定 手指灵活性测试

一、实验目的

手指灵活性测试可用于测定手指、手、手腕的灵活性,也可测定手和眼的协调能力。

测量手指、手、手腕、手臂的灵活性,以及手和眼的协调能力,能够为职业选择提供宝贵资料。这种测试方法在就业指导和咨询上正得到越来越广泛的应用,还可以用于手部复健及预防老年痴呆。

二、实验原理

人体动作的灵活性是指操作时的动作速度与频率。通过将金属细棒插入实验板的圆孔中所需的时间,测试手指动作灵活性以及手眼协调能力;通过比较手指插棒的运动顺序不同的所需时间,验证人体上肢运动特性受影响的因素。

三、实验仪器

本实验采用 BD-Ⅱ-601 型手指灵活性测试仪(见图 7.1),主要参数如下:

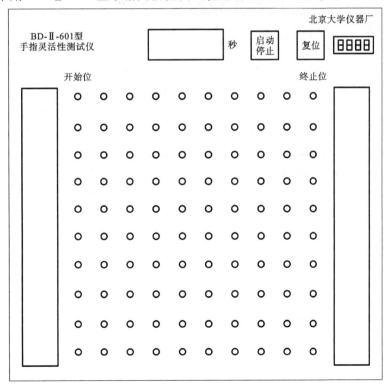

图 7.1 手指灵活性测试仪面板示意图

(1) 实验板圆孔:直径1.6 mm,100个,各孔中心距20 mm;
(2) 金属插棒:直径1.5 mm,长度20 mm,110个;
(3) 计时:1~9999 ms,4位数字显示,内藏式整体结构;
(4) 计时开始与结束可用按键,也可以由棒插入左上角第1个孔与右上角后1个孔自动进行;
(5) 实验用镊子:1把。

四、实验步骤

1. 金属插棒放入左侧槽中,优势手拿起右侧槽中的镊子。
2. 被试用镊子将左侧槽中的金属棒插入实验板的圆孔中,插入顺序分以下四种:
(1) 先插开始位,从上至下,再从下至上……依次逐列插入,最后插终止位;
(2) 先插开始位,从上至下,再从第2列开始由上至下……依次逐列插入,最后插终止位;
(3) 先插开始位,从左至右,再从第2行由右至左……依次逐行插入,最后插终止位;
(4) 先插开始位,从左至右,再从第2行由左至右……依次逐行插入,最后插终止位。
计时会自动开始,到插终止位时结束,并记录插入100个棒所需时间于表7-1。
3. 每次重新开始需按"复位"键清零。

五、实验数据与讨论

手指灵活性测试实验数据表如表7.1所示。

表7.1 手指灵活性测试实验数据表

次数\顺序	①	②	③	④
1				
2				
3				
4				
平均时间				

比较两种情况手指的灵活性。

手腕动觉方位能力测试

一、实验目的

本实验可测定左右手腕的动觉感受性,也可以测量通过练习后左右手腕动觉感受性的提高程度。

二、实验原理

动觉即运动觉,是对身体各部分的位置和运动状态的感觉,也就是肌肉、腱和关节的感觉。在关节、筋腱、韧带里有动觉感受器,能察觉身体的位置和运动,产生神经兴奋,通过传入神经进入大脑皮层,引起动觉。动觉的发展是动作发展的基础。儿童动觉的感受性随年龄的增长而提高。一般人常常不能直接觉察到动觉信息,但对于优秀的运动员来说,他们对身体肌肉、筋腱和关节的运动十分敏感,对运动速度、动作准确度和稳定性的估量有精细的自我感受,动觉是否灵敏是选拔运动员和舞蹈演员、杂技演员的重要条件之一。

动觉也是从事正常活动的保证。要拿到桌上的东西,就必须要调整手和臂的姿势和动作;要上楼梯,就必须保证脚抬得足够高、落得足够稳。这些都需要动觉的帮助。

实验时,主试选任一角度做标准刺激,让被试认真体会各关节所处部位后进行复制,以其复制位置与标准刺激之间差异的大小来判断手腕动觉方位感的能力。

三、实验仪器

本实验采用 BD-Ⅱ-301 型动觉方位辨别仪,如图 7.2 所示。BD-Ⅱ-301 型动觉方位辨别仪半圆仪示意图,如图 7.3 所示。

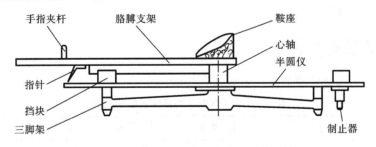

图 7.2 BD-Ⅱ-301 型动觉方位辨别仪示意图

动觉方位辨别仪是测定个体手位位移时的动作感受性以及腕关节活动方位控制能力的仪器。实验时,主试任选一角度作为标准刺激,让被试认真体会各关节所处部位后进行复制,以其与标准间的差异大小来判断手腕方位感的能力;也可作为手腕的动感练习用具,用以提高个体的动觉的辨别力。

动觉方位辨别仪的相关实验参数如下:

(1) 一个半圆仪和一个与半圆仪圆心处的轴相连的鞍座;

图 7.3　BD-Ⅱ-301 型动觉方位辨别仪半圆仪示意图

(2) 八个制止器,用主试的食指在半圆仪的周围上把它托起来或者放下去,它在周围的位置从 30°～150°各间隔 20°;

(3) 对各度数的标记共有两行,都是 0°～180°。上连一行的数字是按顺时针方向增加的,下边一行是按逆时针方向增加的。

四、实验步骤

1. 让被试戴上遮眼罩,主试根据实验要求将制止器在某度数上托起来。

2. 要求被试将手腕放在鞍座上,并从半圆仪的 0°处摆动手腕直到制止器为止,此摆动的幅度为标准幅度。

3. 主试移去制止器,并将被试前臂复归到 0°处,要求被试复制出刚才摆动的幅度。记录实际幅度与标准幅度的偏差值,其偏差值就是被试手臂的动觉方位能力。

4. 如用右臂,必须按顺时针方向摆动;如用左臂,则按逆时针方向摆动。

5. 实验一般要求左右臂各做 3 次,标准幅度由主试在 0°～180°之间任选。

6. 如果要检验通过练习动觉感受性是否提高,应按上述程序重复做几遍,将结果记录在表 7.2 中并进行比较。

五、实验数据与讨论

动觉方位能力测试实验数据表如表 7.2 所示。

表 7.2　动觉方位能力测试实验数据表

序　号	左/右手	标准幅度	实际幅度	偏　差
1				
2				

续表

序　号	左/右手	标 准 幅 度	实 际 幅 度	偏　　差
3				

1. 比较左、右手的实验结果，分析优势手对人体动觉方位能力的影响程度。

2. 比较同一只手相同标准幅度的三次数据，分析通过练习动觉感受性是否提高？

六、注意事项

实验过程中，请不要太靠近桌子，以免触碰到电源插座从而影响实验数据的记录；注意主试和被试的及时更换，以自己的实验数据为分析依据；在实验过程中，无关人员不要干扰正在进行实验的被试；不要弄丢金属针。

实验八　动作速度的测定

一、实验目的

学习测量简单动作速度的方法,测定优势手和非优势手敲击工作效率的差异。

二、实验原理

敲击的工作效率通常是以在限定的时间内敲定的总次数来表示,也可以分析在每轮实验中或各轮实验之间所产生的敲击速度的变化。如果把敲击的工作效率作为疲劳的指标,可以把每轮实验中最初 15 s 的敲击次数 I 和最后 15 s 的敲击次数 L 进行比较,计算出 $[(I-L)/I]\times100\%$,即工作效率变化的百分比。如果把敲击的工作效率作为偏手性的指标,可以比较左手和右手工作效率的差别。

根据前人的实验结果可知,敲击速度随年龄的增长而增加,至少在 6～18 岁的范围内是这样的。但是,有的实验结果又表明,13 岁和 14 岁男孩没有明显的差异,14 岁和 15 岁女孩没有明显差别。敲击速度的性别差异为男快女慢,并且这种差异随年龄增长而增大。有 69.8% 的男孩超过女孩敲击速度的中数。对成人敲击速度的研究表明,有 80% 的男子超过女子的敲击速度的中数。左右手敲击速度的差异,儿童比成人更为明显,妇女的差别比男子大。练习对左手敲击速度的影响并不比对右手的大,因此,以敲击速度作为偏手性的指标并不受练习的影响。在连续 1 min 的敲击中,可以看到疲劳(工作效率降低)现象的产生。在练习以后,随着敲击时间的延长,仍有工作效率降低的情况,但是疲劳的主观感觉消失。

三、实验仪器

敲击板 55 cm×10 cm,两端各有一块 10 cm 见方的金属板,金属板之间是互相绝缘的(见图 8.1);敲击用铁笔;计数器;秒表。

图 8.1　BD-Ⅱ-303 型敲击板

四、实验步骤

1. 连接好线路,将铁笔、金属板、计数器和电源连起来。当铁笔接触时即接通电源,定时计时计数器跳动 1 个数字,即计时开始。被试由学生做,主试可有老师或学生担任。

2. 为了顺应桌边所平放的敲击板,被试站在敲击板旁,身子向前略倾,手和臂与敲击板平行,手执笔的上端,肘部悬空,铁笔与敲击板垂直,开始时把铁笔放在两块金属板的中间。臂与板的距离,以笔尖能击着板两端的钢板为止。

3. 为了采取适当的动作,被试可以预演一下。用笔尖击钢板时,两端击或一端击随便,其目的是以在一定时间内所敲击次数越多越好。每击中 1 次,计数器上计数 1 次。手腕活动形式不做要求。

4. 预习完毕后,主试发出"预备—开始"的口令,同时开动秒表。被试用优势手拿铁笔在上端尽快地在两块金属板上来回地敲击,直到主试喊"停"为止。每 15 s 在记录表中记 1 次敲击的次数(从第 2 个 15 s 开始,记录的是计数器上累积的次数)。到 1 min 时喊停止,记下 1 min 内敲击的总次数后将计数器回零。

5. 让被试休息 1 min,然后换非优势手重复以上实验。将实验结果记录在表 8.1 中。

6. 换被试用相同的方法重复以上实验。

五、实验结果及讨论

敲击次数实验数据表如表 8.1 所示。

表 8.1 敲击次数实验记录表

是否优势手	敲击的累积次数				每 15 s 的敲击次数			
	15 s	30 s	45 s	60 s	0~15 s	16~30 s	31~45 s	46~60 s
优势手								
非优势手								

1. 按照各被试 1 min 内敲击的次数,将被试的优势手和非优势手的敲击效率分别排一个从小到大的顺序。

2. 以每分钟 4 次记录(15 s/次)的顺序为横坐标,以每次敲击次数为纵坐标,把被试的优势手和非优势手的敲击速度的变化分别画线。

3. 根据本班同学的实验结果描述,敲击过程工作效率变化有哪几种形式(如 4 个单位时间内的敲击次数是连续上升,或者是连续下降,还是有波动等)?

4. 分析比较被试的优势手和非优势手的敲击速度是否存在差异,若存在差异,分析差异在哪些方面。

5. 你认为单位时间内敲击的次数是否能作为研究疲劳的指标？为什么？

六、注意事项

1. 操作时，主试应清楚地表达实验指导语，待被试完全理解后开始实验。在操作过程中，主试看主试面板，被试看被试面板，且主试在实验的整个过程中一定要保持表情和语言上的中立性。

2. 开始操作时，要求被试手握测试笔的姿势要尽可能垂直于敲击板。

3. 实验过程中，被试站在敲击板旁，身子向前略倾，手和臂与敲击板平行，手执笔的上端，肘部悬空，铁笔与敲击板垂直。请不要用蛮力拉扯敲击棒及连接线，敲击时一定要使得敲击棒敲击在金属板上且用力不要太大，不要敲击在中间木板上。

实验九 记忆广度测量实验

一、实验目的

了解人的三种记忆的类型,掌握记忆广度的含义;学习用记忆广度测试仪测量人的短时记忆广度的方法,测定人的记忆广度。

二、实验原理

记忆广度指的是按固定顺序逐一地呈现一系列刺激以后,刚刚能够立刻、正确再现的刺激系列长度。所呈现的各刺激之间的时间间隔必须相等。再现的结果必须符合原来呈现的顺序才算正确。记忆广度是测定短时记忆能力的一种最简单易行的方法。刺激系列可以通过视觉呈现,也可以通过听觉呈现。呈现的刺激可以是字母也可以是数字。

记忆广度法(memory span method)乃是研究记忆材料呈现一次后所能记忆最大量的方法。记忆广度的研究最早是由贾查布斯(Jakobs,1887)创用的,它是根据艾宾浩斯发明的系列回忆法稍加改动形成的。研究者事先准备好一系列若干项目的刺激材料,各项目分别有3~12个左右的数字符号。实验时,主试口述后用速视器向被试呈现某个刺激项目,刺激消失即请被试按照同样的次序说出刺激内容。实验的目的是根据被试的反应,度量他能正确记忆多少项目。为了避免误差,研究者一般得准备多套等价的材料,每个刺激只对被试使用一次。

测定记忆广度时,如果被试采用组块(chunk)的方法,其记忆广度就可大为增加,因此在测定记忆广度后,要询问被试在识记过程中曾采用什么策略,以便在比较个体之间记忆广度的差异时参考。由于记忆广度的实验比较简单,因此一经使用就开拓出许多方面的研究,从较早的文献中可以见到一些很有价值的研究。例如,记忆广度因年龄而变化;记忆广度经过训练能获得较大幅度的提高;超广度呈现刺激材料,会使被试记忆广度降低。

三、实验仪器

BD-Ⅱ-407型记忆广度测试仪如图9.1所示。

图9.1 BD-Ⅱ-407型记忆广度测试仪

下表是一套材料的样本,研究记忆广度数字表。

972	641
1406	2730
39418	85943
067285	706294
3516927	1538796
58391204	29081357
764580129	042865129
2164089573	4790386215
45382170369	39428157036
870932614280	5419628736702

(采用 Woodworth et al.,1955)

实验一般从一个短的刺激开始,某一长度的刺激材料一般要用2~3组,逐步增加强度,直到被试回答发生错误为止。关于记分方法,主要有以下两种。

(1)第一种方法。设每种刺激长度为3个项目,每一个完全记住的项目得三分之一分。假如被试通过6个和6个以下长度的全部刺激,记6分;他还分别通过一次7个和9个数目的刺激,但8个数目的刺激没通过,那么总分是6+2/3。

(2)第二种方法。若被试做对了8个项目的刺激,但没有通过9位数的刺激,那么他的"广度"至少为8,但不够9,于是取两数的中点记分。这种方法就像心理物理法计算阈值那样在理论上有依托,因而被认为是一种改良的方法。

四、实验步骤

1. 将键盘的插头与仪器被试面板上的插座连接好,接通220V电源。

2. 按下"复位"键,由程序将码Ⅰ灯、记分灯、数码管显示为0202.00,码Ⅰ灯亮表示记忆材料选编码Ⅰ,记分灯亮,六位数码管显示记分和记位为0202.00,表示基础位长=2,基础分=02.00。主试根据需要如下按键:

(1)"编码"键,将"码Ⅰ/码Ⅱ"开关,拨在"码Ⅱ"位置,仪器启动后显示第二套编码;

(2)"显示"键,将"计分/计时"开关,拨在"计分"位置,数码管显示器显示出错误次数,正确得分(此开关可在测试过程中随时改变位置)。

码Ⅱ灯亮表示记忆材料选编码Ⅱ,计时灯亮,六位数码管显示计时和记错。

3. 主试按下键盒上的"回车"键,仪器自动提取一个三位数组。被试见到回答灯亮时,用键盘按顺序回答所记忆的数字,回答正确,回答灯灭,记0.25分;被试再按下"回车"键,仪器马上又提取下一个数字组,被试再次回答,如4个数组都答对了,记1分,位长+1。按"回车"键后,仪器提取下一位组的第一个数组,如果回答有错,仪器想一下蜂鸣,答错灯亮,记数一次。若被试记不住显示的数码,可按下任一数字键,仪器响蜂鸣指示出错,再次按"回车"键,仪器会马上提取下一组数码。如此循环,直到仪器出现停机长蜂鸣,测试结束。

4. 主试按下"停蜂鸣"键,改变显示键状态,记录被试测试成绩。

5. 如重新测试,只要按下"复位"键,选择好操作内容后,按下"回车"键,仪器将从头开始测试。

6. 再测试过程中,主试也可随时更换码Ⅰ或码Ⅱ。改变编码键状态后,再按"回车"键,仪器将按新的编码测试。如想改变检测,应先按"复位"键,再按"检测"键。

7. 检测:当按下"检测"键,检测灯亮时,再按"回车"键,仪器进行自检。此时,主试面板的六位数码管被试面板的一位大数码管顺序显示:0、2、3、4、5、6、7、8、9,数码每改变一次,响一次蜂鸣,回答灯、答错灯、码Ⅰ灯、码Ⅱ灯、计时灯、记分灯一起闪烁一次。如果停止检测,再按一下"检测"键,检测灯灭,按下"回车"键,仪器转为正常工作状态(教师可以在实验课前,利用检测功能检验仪器的好坏)。

五、实验结果及讨论

被试测试十四位组的成绩表如表9.1所示。

表 9.1 被试测试十四位组的成绩表

成绩 \ 位组	1	2	3	4	5	6	7	8	9	10	11	12	13	14
1														
2														
3														
4														

1. 你认为一个人的记忆广度能作为他记忆能力的指标吗?为什么?

2. 如果被试的年龄相同而文化程度差别较大,他们通过听觉和视觉测得记忆广度会有差异吗?

六、注意事项

1. 操作时,主试应清楚地表达实验指导语,待被试完全理解后开始实验,在操作过程中,主试看主试面板,被试看被试面板,且主试在实验的整个过程中一定要保持表情和语言上的中立性。

2. 实验过程中,请不要太靠近桌子,以免触碰到电源插座从而影响实验数据的记录和打印;注意主试和被试的及时更换,以自己的实验数据为分析依据;在实验过程中,无关人员不要干扰正在进行实验的被试。

3. 记忆材料:数字1~9随机组合成三位至六位的位组,同一位组内有四组不同的数组,共有两套编码。

4. 记忆材料呈现方式:数字投影器投影显示,每一数字在投影器上显示时间为 0.7 s。

5. 测试结果显示方式:六位数码显示器显示测试结果。仪器自动记分、记错、记位、计时。测试完十四位组或被试连续测记忆错,仪器响蜂鸣,提示主试记录被试成绩。被试的得分按以下公式由仪器自动计算:$F=2.0+0.25x$,其中,F 为被试的得分,x 为被试正确回答的次数。仪器测试结果的统计规则如下。

(1) 记分规则:基础分为 2.0 分,答对一个数组记 0.25 分,答对 4 个数组(一个位组)记 1 分,答对 14 个位组满分 16 分。分数显示分小数、整数两部分,满 1.0 分进到整数显示器显示。

(2) 记位规则:起始位长=2(2 位),每测一个位组,位长+2,如在一个位组中,只答对一组数,也认为被试正确地记忆了该位组的位长。

(3) 计时规则:计时单位(s),最大计时 100 min,计时最大显示为 99 min 59 s,复位后按下"回车"键开始计时,当记满分(16 分)或连续 8 次错时,停机蜂鸣,计时停止。

实验十　学习曲线——触棒迷宫测试

一、实验目的

学习以触棒迷宫来演示学习曲线,掌握学习曲线的绘制方法。

二、实验原理

学习曲线一般是用学习的阶段或学习的遍数作为横坐标、用学习达到的效果作为纵坐标制成的。表示学习效果的指标有多种,如学习中正确或错误反应的次数或百分比、单位时间内完成的工作量、学习所用的时间,等等。普拉托洛夫和施瓦尔兹的研究结果表明,学习进程的一般趋势是:学习初期成绩提高较快,经过一个阶段以后,成绩就上升得慢了;学习的速度时快时慢,在上升中出现起伏现象,到学习后期,出现学习的暂时停顿,即所谓的"高原"现象,表现在学习曲线上,整个曲线成 S 形。S 形曲线表示一个完整的练习进度的发展趋势。实际上得到的曲线往往是 S 形曲线的一段,或是负加速曲线,或是正加速曲线。

迷宫学习是研究动作学习常用的方法。走迷宫是学习在空间中如何定向的一种实验仪器。有的是人在其中走的身体迷宫,有的是用小棒在槽中走的触棒迷宫,有的是用手指触摸凸起路线的手指迷宫,等等。迷宫中的路线包括通路、转折、支路和盲巷几种,一般常是由几个 T 形路线单位和 Y 形路线单位按多种方式连接。触棒迷宫是指从起点到终点只有一条通路,被试在排除视觉的条件下,手持小棒以最快的速度和最小的错误从起点到达终点。学会的标准一般定为连续 3 遍不发生错误,学习结果以从起点到终点每走完一遍所花的时间或所犯错误的次数计数,据此画出学习曲线。

三、实验仪器

触棒迷宫(见图 10.1),另配遮眼罩。

图 10.1　触棒迷宫

四、实验步骤

1. 实验前,被试不能看到迷宫。被试戴上遮眼罩后,手持小棒。主试拿着被试所持的小棒置于迷宫的入口处,应准备的一切步骤均事先做好。

2. 主试打开仪器电源开关,发出"开始"的口令。被试听到口令后,立即拿小棒触动开始位(计时开始),然后沿着其中可以前进的通路前进。每进入死胡同即盲巷一次,计数器自动记错一次。在被试的小棒到达迷宫的终点时,会听到"滴"的一声,这时计时停止。主试说"结束了",并记下计数器计错误数和所用时间,然后按"复位"键,准备下一轮操作。此时,被试仍然持笔并由主试放于起始处,准备做下一次活动。待主试再说第二次"开始"口令时,被试按之前同样做法再做一遍。每做完一遍,记成绩于表10.1上。

五、实验结果及讨论

每次用时和错误数实验数据记录表如表10.1所示。

表10.1 每次用时和错误数实验数据记录表

练习遍数	1	2	3	4	5	6	7	8	9	10	11	12	13	14	15
错误次数															
所用时间															

1. 列表整理每次活动所用的时间和所发生的错误数。

2. 根据所得数据,以所走次数为横坐标、所用时间与错误数为纵坐标,画出学习曲线。

3. 画出走迷宫的路形图。

六、注意事项

1. 学习终了的标志是连续三次走完全程不发生错误。如果被试在实验过程中累了,则可以于间歇时间休息1~2 min。

2. 学习结束,被试要根据回忆画出全过程所走路线的路形图。

实验十一　认知方式的测定

一、实验目的

通过棒框测验和镶嵌图形测验,了解被试认知方式的差异;检测两种测试结果相关程度,学习测量场依存性的方法。

二、实验原理

所谓认知方式,是指个体在心理活动中所习惯采用的方式,主要是依靠外在参照还是依靠身体内在参照的倾向。最早致力于认知方式的研究并在许多领域做出开拓性贡献的是美国心理学家维特金(Herman A. Witkin,1916—1979 年)。20 世纪 30 年代,他在做空间定向和垂直知觉的经典实验研究时,发现了认知方式的场依存性——场独立性问题。他在身体顺应测验、棒框测验和转屋测验中研究发现,被试内的差异存在着非常明显的自相一致性。也就是说,被试在棒框测验中能准确地将棒跳到垂直状态,在身体顺应测验和转屋测验中对身体进行垂直定位时误差也较小;反之,被试在棒框测试中不能准确地将棒调到垂直状态,对身体顺应测验和转屋测验中对身体进行垂直定位时误差也大。这还说明个体在许多活动中存在着对外部线索和身体内部线索依赖程度的一致性,在这一连续的两端分别被称为场依存型和场独立型。

后来,维特金用镶嵌图形测验所做的实验结果表明,场依存性大者从复杂图形中发现简单图形较困难,而场独立者则很容易发现。

根据上述实际研究结果,维特金又提出"心里分化"概念。从前三种测验可以看出,一个人把自己身体从周围环境中分化出来的能力;从镶嵌图形测验可以看出,一个人把简单图形从复杂图形中分化出来的能力。这种分化具有普遍意义,因此,从垂直知觉和镶嵌图形测验中表现弄出来的不仅仅是认知方式,而且是一个具有普遍意义的人格特征。认知方式只是心里分化的一种表现方式而已。

三、实验仪器

BD-Ⅱ-503 型棒框仪,秒表,彩色笔,镶嵌图形测验图形 3 套(第一套:简单图形共 9 个,第二套:测验图形 10 个,第三套:测验图形 10 个)。被试观察面如图 11.1 所示,主试操作面如图 11.2 所示。

四、实验步骤

1. 棒框实验。

(1)主试通过调节底部的升降螺丝,先将棒框仪调到水平状态。将方框调到向左倾斜任一角度(如 28°),把框内的棒调到向右倾斜任一角度(如 40°左右)。

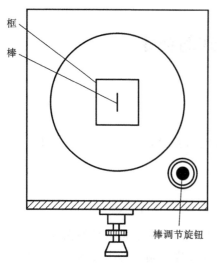

图 11.1 被试观察面

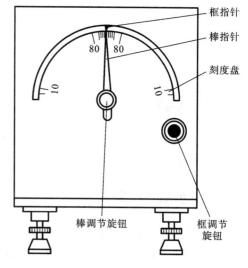

图 11.2 主试操作面

(2) 让被试端坐,放松,双眼紧贴观察窗,暗适应 2~5 min 后施测。主试向被试陈述指导语:"这是一个调整小棒方向的实验,你会看到里面有一个框子,框里有一根小棒。你调节旋钮,那根棒就能转动。现在让你把那根棒调得与地面垂直。调好后眼睛就离开观察孔,不要再往里看,等待下一次实验。每次都是我说'开始',你就开始往里看,并将那根棒调到与地面垂直的方向。"

(3) 框按左、右、右、左的顺序倾斜 28°,棒的倾斜度数是 40°左右,倾斜方向按表 11.1 的顺序排列。

(4) 每次被试调好后,主试都要将误差的度数和误差的方向记入表 11.1 中,切忌将结果告诉被试。

2. 镶嵌图形测验(测试图附后)。

(1) 给被试彩笔,陈述指导语:"现在请你做一个从复杂图形中找出一个简单图形的实验。这张纸上九个图形是简单图形,等实验开始时再给你复杂图形。每个复杂图形中都包含有一个简单图形,要求你在每个复杂图形中找出一个简单图形(一定是九个中的一个),并且用笔把它描出来,可以随时对照简单图形找"。首先,填写个人信息和熟悉简单图形;接着,认真阅读说明;然后,练习第一部分。

备注:以上部分时间不限,可长可短。

(2) 第二部分和第三部分是正式实测的部分,计分是每部分 4 min 30 s。主试陈述指导语:"要求你从每个复杂图形中找出一个指定的简单图形,在每个复杂图形下面都写着要你找的简单图形是哪一个。找出后就用彩笔把它画出来。每个测试一共给你 4.5 min 的时间。"首先做第二部分,主试喊"开始"的同时开始计时,直到 4.5 min 时喊"停止",要求全部被试立即停止,接着按同样的方法做测试三。

五、实验结果及讨论

1. 被试调节棒倾斜的误差及方向实验数据表如表 11.1 所示。

表 11.1　被试调节棒倾斜的误差及方向实验数据表

方框的倾斜度	28°							
方框的倾斜方向	左	右	右	左	右	左	左	右
棒的倾斜度	40°左右							
棒的倾斜方向	左	右	左	右	右	左	右	左
误差的度数								
误差的方向								

2. 分别计算每个被试棒框实验 8 次误差的平均数。

3. 根据以上测试结果说明用这两种方法测量场依存性的结果之间的相关性。

六、注意事项

实验数据所反应的结果没有好坏之分，每个被试要和自身情况相结合，对自己有一个客观的评价，并在生活中适当调整自己的行为方式。

备注：核对每个被试在镶嵌图形测验中画对的图形，并按以下标准计算分数：简单图形中：1、2 两个图形每个得分是 0.5 分；3、4 两个图形每个得分是 1 分；5～9 图形每个得分是 1.5 分。判定标准是 10 分以下(不包括 10)是场依存性；10～14 分(包括两头)是中间型；14 分以上是场独立型(不包括 14)。

附：测试图(镶嵌图形测验)。

```
            认 知 方 式 图 形 测 验
```

_____系，_____专业，_____年级，_____班
姓名_____，性别_____，学号_____，年龄_____
籍贯_____，信箱_____
电话_____

说　　明

这是一个简单的测验，它测量你从复杂图形中发现简单图形的能力。例如：下面的左图是一个叫×的简单图形，下面的中图是一个复杂图形，其中隐藏着图形×，请你在这个复杂图形中找到×，并用笔把它描出来(答案见右下图)。

简单图形

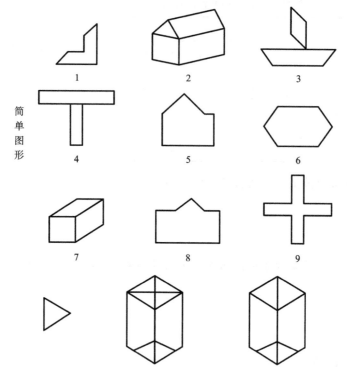

它在复杂图形的线条上描绘了简单图形。注意：复杂图形中左上方的三角形，它虽然与×相似，但指向相反，因而是不正确的；复杂图形下部右侧的小三角形虽然与×相似，方向也相同，但大小与×不同，因而也是不正确的。

在下面的正式测验中有一些题目。每一道题目是一复杂图形，其中包含有一种简单图形。要求你尽快地把这个简单图形找出来，并用笔（彩色笔、圆珠笔、钢笔都可）描出，如上例。在每一个图形下边都标有一个要你找的简单图形的号码，你应该到第一页上去查看这个图形。

注意：
(1) 根据你的需要可以随时翻阅第一页；
(2) 每一道题只描绘一个简单图形，你可能看到不止一个，但是只要你描绘它们其中一个；
(3) 你在复杂图形中指出的简单图形，在大小和方向上都应该与第一页中所表现的相同；
(4) 如果你觉得你所描绘的线条是错误的，请在描绘错误的线条上打×，如※、⨯。

停止！

在没有得到进一步指示以前，请不要翻页。

第一部分

找出简单图形7

找出简单图形1

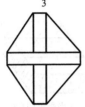
找出简单图形4

找出简单图形5

找出简单图形6

找出简单图形9

找出简单图形2

找出简单图形3

找出简单图形8

停止！

在没有得到进一步指示以前，请不要翻页！

第二部分

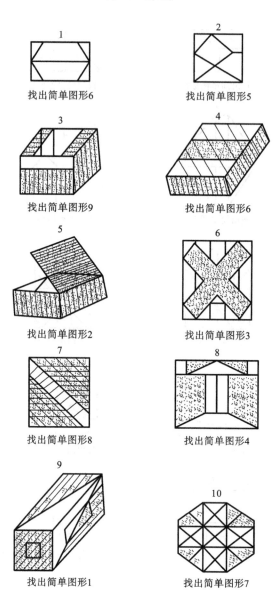

停!等候进一步指示!

第三部分

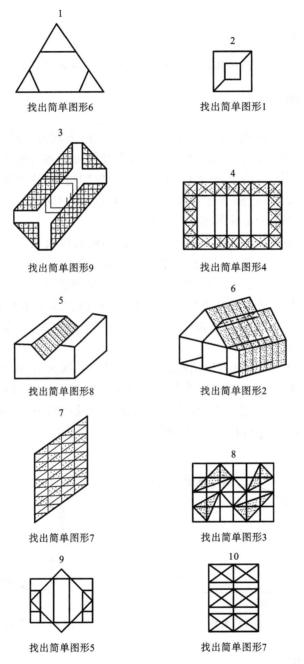

实验十二　暗适应实验

一、实验目的

掌握暗适应实验的方法和步骤,通过测试被试的视觉灵敏度反映其暗适应能力。

二、实验原理

暗适应是视觉在环境强烈变化的一种重要适应功能,表现为人眼由明亮处马上转入黑暗处视觉有一个逐步恢复和适应的过程。由于瞳孔受到由亮到暗的刺激大小随之变化,视神经和视网膜也随之产生生物化学变化,这需要一个时间过程,使视觉逐步适应暗环境,这个过程称为暗适应。暗适应与人眼受到强光刺激的程度和时间都有关系,受到刺激的光强度越大、时间越长,达到完全适应所需的时间越长。

1. 直接测试:最强的弱光照明,30 s 的测试时间,暗适应的视力通常能达到正常水平。这也是驾驶员夜间驾驶适应性检测通过标准的一项重要指标。

2. 暗适应曲线:在同一弱光照明条件下,选择不同的测试时间,测试不同暗适应时间条件下的视敏度,并以视敏度值为纵坐标、测试(暗适应)时间为横坐标作暗适应曲线,如图 12.1 所示。暗适应曲线表明在暗适应过程中,视觉感觉性提高的速度并不均匀,这和视网膜上有两种感光细胞有关。

3. 视敏度与照明的关系:选择适当测试时间(如 15 s),测试不同的弱光照度条件的视敏度,并以视敏度值为纵坐标、弱光强度为横坐标作曲线。视敏度受背景照明的影响非常明显。当光强从弱到强的变化过程中,视敏度提高的速度最初较慢,后来变快,最后又变慢。视敏度随光强增加而变化的过程呈 S 形曲线,如图 12.2 所示。

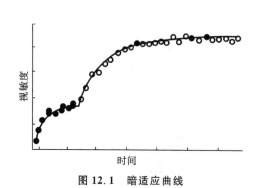

图 12.1　暗适应曲线

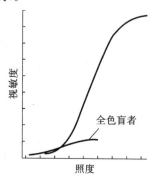

图 12.2　照度与视敏度的关系

三、实验仪器

实验仪器为 BD-Ⅱ-120 型暗适应仪,如图 12.3 所示。

本仪器由微电脑控制,控制时间准确。主机包括:控制电路,主试操作面板,被试观察窗,强光照明,弱光照明等。

BD-Ⅱ-120 型暗适应仪相关技术参数为：

1. 强光设定时间为 30 s；
2. 弱光下的测试时间：5 s、10 s、15 s、20 s、25 s、30 s，6 挡，由电机控制其窗口挡板；
3. 视敏度测试表：透明薄膜上数字卡片，4 块；
4. 视敏度测试表：10 行，相应视力 0.1、0.15、0.2、0.25、0.3、0.4、0.5、0.6、0.8、1.0；
5. 明适应应用视野亮度：2000 Lux；
6. 暗示标亮度：0～1.5 Lux，线性分 8 挡；
7. 电源电压：交流 220 V，50 Hz；
8. 外形尺寸：750 mm×370 mm×465 mm；
9. 质量：15 kg。

图 12.3　BD-Ⅱ-120 型暗适应仪

四、实验步骤

1. 准备。

(1) 仪器安装：打开机箱被试面的箱盖门(有方孔窗面)，取出放置在箱内下侧的观察窗、灯管及电源线。观察窗插入固定安装于机箱箱门的窗口(见图 12.4)，其缺口在下面。安装 2 个节能灯于箱内的灯座上。关闭箱盖门时挂上别扣。

(2) 电源线连接仪器侧面的插座与 220 V 电源。打开主试控制面的箱盖门(见图 12.4)，打开电源开关，仪器完成自检过程至待机状态。

(3) 选择被试面板上"背景光调节"挡，其表示暗示标亮度，即弱光照明强度。

(4) 选择弱光下的测试"时间设置"挡。

(5) 打开弱光照明盒，选择一块视敏度(视力)测试表，按照字符上大下小且面向被试方为正的方向插入照明盒前端的插槽中(见图 12.4)，关闭弱光照明盒。

图 12.4　暗适应仪界面

(6) 关闭箱盖门并挂上别扣。

2. 测试。

(1) 被试必须是视力正常者(包括矫正视力达到 1.0)，不能是夜盲症患者。被试双眼紧贴观察窗，在黑暗环境下，适应 1 min 以上。

(2) 主试按仪器侧面电源线插座旁的"启动"键，开始测试。被试在整个实验过程中，必须睁大眼睛注视正前方，主试可通过观察窗侧面的小孔察看被试是否在强光照明时闭眼，以确保实验结果的正确。

(3) 强光照明灯点亮，延时 30 s。熄灭转入弱光照明，当强光灯熄灭的同时视敏度数字标的窗口打开。

(4) 被试在视觉恢复到能看清前面的数字时，尽可能由上至下分段读出，直至 10 行数字读完或测试时间到窗口挡板再次挡住。主试根据被试的口头报告，查阅对应呈现的视敏度表(见附表)，记录被试的识别程度，即被试的视敏度(视力)值。

五、实验结果及讨论

实验结束后,将收集数据填入表12.1、表12.2中。

1. 视敏度与时间的关系记录表如表12.1所示。

表12.1 暗适应实验——视敏度与时间的关系记录表

测试板	弱光挡位	测试时间/s	视敏度					
			被试1	被试2	被试3	被试4	被试5	被试6
A/B/C/D		5						
		10						
		15						
		20						
		25						
		30						

备注:弱光挡位可变1~8挡;A、B、C、D四块视敏度测试板选择的弱光挡位应一致。

2. 视敏度与时间的关系记录表如表12.2所示

表12.2 暗适应实验——视敏度与时间的关系记录表

测试板	测试时间/s	弱光挡位	视敏度					
			被试1	被试2	被试3	被试4	被试5	被试6
A/B/C/D	15	1						
		2						
		3						
		4						
		5						
		6						
		7						
		8						

备注:测试时间可变,应适当,一般选取15 s。

3. 思考现实中哪些现象属于暗适应现象?

六、注意事项

1. 操作时,主试应清楚地表达实验指导语,待被试完全理解后开始实验。在操作过程中,主试看主试面板,被试看被试面板,且主试在实验的整个过程中一定要保持表情和语言上的中立性。

2. 实验完毕后,不必拆卸观察窗,但应加遮挡防止尘土进入箱体中。

3. 被试必须是视力正常者(包括矫正视力达到1.0),不能是夜盲症患者。被试在整个实验过程中,必须睁大眼睛注视正前方,在视觉恢复到能看清前面的数字时,尽可能由上至下分段读出。

附:四块视敏度测试板相应数字表。

附表:四块视敏度测试板相应数字表

视敏度(视力表)		A	B	C	D
5分记录值	小数记录值				
4.0	0.1	805	805	805	805
4.2	0.15	62038	42639	52738	62749
4.3	0.2	47526	37258	46537	36428
4.4	0.25	09536	05863	08632	08632
4.5	0.3	73839	65462	78362	98353
4.6	0.4	26470	53689	53689	62950
4.7	0.5	53936	86370	67480	43638
4.8	0.6	83532	53472	32863	35264
4.9	0.8	76493	52683	23459	52683
5.0	1.0	28475	28475	28475	28475

实验十三　学习迁移测试

一、实验目的

了解研究学习迁移常用的实验方法,掌握学习迁移测试实验的步骤并测试自身学习迁移的能力。

二、实验原理

研究学习迁移常用的实验方法有前后测验法和继续学习法。前后测验法的一个缺点在于只能检查 A 对 B 的最初阶段的影响。为了检查 A 对 B 的整个学习过程的影响,则常把在练习 A 后对 B 的测验改为对 B 的学习,即继续学习法。继续学习法的实验具体安排如下。

学 A 与学 B;A 和 B 为难易相等的材料。这样,因 A 和 B 难易相当,只需看看后学 B 是比学 A 容易还是难,即可检查出 A 对 B 的影响。只用难度相等的作业进行实验,对学习迁移的研究范围必然有所限制;如用两组相等的被试,则可研究任何学习对另一学习的影响,即研究范围扩大。该实验的具体安排如下:

实验组:先学 A,后学 B;

控制组:学 B。

这样,比较两组学 B 的结果即可看出 A 对 B 的影响。

如果两种学习的难易不等,两组被试的学习能力也不相等,则研究学习迁移的实验可做下面的安排:

第一组:先学 A,后学 B;

第二组:先学 B,后学 A。

这样,把两组先学的结果加起来(C),再把两组后学的结果加起来(D),把二者加以比较,即可看出两种作业彼此有何影响。如以学习达到同一水平所需要的时间为指标,则 $C>D$ 时为正迁移,$C<D$ 时为负迁移,$C=D$ 时表示两种作业彼此无影响。

三、实验仪器

本实验采用 BD-Ⅱ-406 型学习迁移测试仪,可以用于心理因素性实验类的学习迁移;前摄抑制、倒摄抑制的实验,以研究学习的过程。该仪器具有同时测量被试视觉、记忆、反应速度三者结合能力的功能,是一种常用的心理学测量仪器。

仪器由控制器、被试键盘两部分组成。控制器由微电脑组成,采用程序控制。被试面板由液晶显示器显示学习材料,键盘输入回答信息。主试面板上,有四位数码管实时显示计分、计时、计错。

图 13.1　学习迁移仪

四、实验步骤

（一）主试操作

1. 将键盘插头与被试面板上的插座连接好，接通 220 V 电源，电源指示灯亮。

2. 功能选择：主试面板上有六个功能指示灯：图形、汉字、码Ⅰ、码Ⅱ、计时、计分。加电后，仪器自动把图形灯、码Ⅰ灯、计时灯点亮，表示学习材料用图形，编码选码Ⅰ，四位数码管显示计时。如主试认为不合适，只要按动如下按键，便可方便地修改操作内容。按"学习材料"键，图形或汉字选择；按"编码"键，码Ⅰ或码Ⅱ选择；按"显示"键，计时或计分选择。

（二）被试操作

1. 按一下键盘盒上的"回车键"，回答灯亮。被试按照液晶显示板上的图形或汉字，对照面板上的编码表（注意选择编码Ⅰ还是编码Ⅱ），按键盘上相应字母或数字键，从左到右顺序回答。如回答正确，回答灯灭，计 1 分，再按下"回车"键，仪器自动提取下一组图形或汉字，并回答。

2. 如回答错误，响一下蜂鸣，被试面板上的答错灯亮，计错累计一次，并将原来的分数清为零，而时间累计。按一下"回车"键，仪器又提取下一个测试单元的第一组图形或汉字，并回答。

3. 正确回答一个测试单元计满分 10 分，仪器自动长蜂鸣，表示被试学会了此套编码。液晶板上将显示被试的测试结果。

（三）主试其他操作

1. 按一下"停蜂鸣"键，停止蜂鸣声响。

2. 实验结果可以按动"计时/计分"开关，分别显示被试测试时间和错误次数，或直接记录液晶板上显示的测试结果。

3. 可再选择测试内容或更换下一个被试，重新开始测试。

4. 继续测试时，不必按"复位"键。按下"回车"键，计分、计错、计时又将从零开始。

五、实验结果及讨论

实验结束后,将实验数据记入表13.1中。

表 13.1 学习迁移实验数据记录表

组别	学习材料	编码	被试1		被试2		被试3		被试4	
			计时	计分	计时	计分	计时	计分	计时	计分
实验组1	先学习图形再学习汉字	码Ⅰ								
控制组1	学习汉字	码Ⅰ								
实验组2	先学习汉字再学习图形	码Ⅰ								
控制组2	学习图形	码Ⅰ								
实验组3	先学习图形再学习汉字	码Ⅱ								
控制组3	学习汉字	码Ⅱ								
实验组4	先学习汉字再学习图形	码Ⅱ								
控制组4	学习图形	码Ⅱ								
实验组5	先学习图形再学习汉字	码Ⅰ								
控制组5	先学习汉字再学习图形	码Ⅰ								
实验组6	先学习图形再学习汉字	码Ⅱ								
控制组6	先学习汉字再学习图形	码Ⅱ								
实验组7	先学习图形再学习汉字	码Ⅰ								
控制组7	先学习汉字再学习图形	码Ⅰ								
实验组8	先学习图形再学习汉字	码Ⅱ								
控制组8	先学习汉字再学习图形	码Ⅱ								

备注:八种不同的对比方式,每组选择一种即可。

被试对自己所在组记录的数据与对立组所测的数据进行分析,并对分析结果做出相应的解释。

六、注意事项

1. 加强仪器保养,尽量减少仪器振动,不得接错电源。
2. 定期加电,经常检查仪器的好坏。
(1) 若仪器加不上电,检查电源开关、保险管、稳压块是否有问题。
(2) 若液晶板不显示,检查仪器内对应主板的扁平电缆线插座是否松动,检查有无断线。
(3) 若数码显示器不显示某个数字,检查对应驱动电路及数码管是否有问题,检查扁平电缆线插座是否松动,检查有无断线。
(4) 若回答灯、答错灯不亮,检查对应发光二极管坏否。
(5) 若按某个数字或字母按键时总出错,检查对应按键坏否。
3. 如有大故障,一定要请有经验的修理人员修理。

实验十四 注意力集中能力测试

一、实验目的

学习注意力集中能力测定仪的使用方法,测试被试的注意力集中能力。

二、实验原理

注意力集中是指注意能较长时间集中于一定的对象,而没有松弛或分散的现象。在连续长时间学习时,常常会引起疲劳和效率的下降。实验测定在不同跟踪对象、不同测试时间和不同转速下的注意集中能力。仪器转盘转动使测试板透明图案产生运动光斑,用测试棒追踪光斑,注意力集中能力的不同将反映在正确时间及出错次数上。本实验可测定自身的注意力集中能力,同时也可以测试与训练个体的视觉-动觉协调能力。

三、实验仪器

采用 BD-Ⅱ-310 型注意力集中能力测试仪。本仪器可测定被试的注意集中能力,并可作为视觉-动觉协调能力的测试与训练仪器。仪器由一个可换不同测试板的转盘及控制、计时、记数系统组成(见图 14.1)。转盘转动是测试板透明图案产生运动光斑,用测试棒追踪光斑,注意力集中能力的不同量将反应在追踪正确的时间及出错次数上。

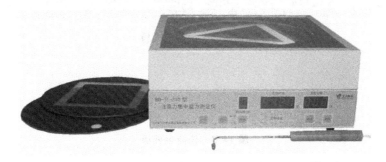

图 14.1 BD-Ⅱ-310 型注意力集中测试仪

BD-Ⅱ-310 型注意力集中测试仪主要技术指标如下:

1. 定时时间:1～9999 s;
2. 正确、失败时间:范围为 0～9999.999 s,精度为 1 ms;
3. 最大失败次数:999 次;
4. 测试盘转速:10 r/min、20 r/min、30 r/min、40 r/min、50 r/min、60 r/min、70 r/min、80 r/min、90 r/min,九挡;
5. 测试盘转向:顺时针或逆时针;
6. 数字显示:8 位;
7. 测试棒:L 形,光接收型;

8. 测试板：三块可方便调换，图案为圆点、等腰三角形、正方形；

9. 干扰源：喇叭或耳机噪音，音量可调；

10. 箱内光源：环形日光灯，22 W；

11. 外形尺寸：320 mm×320 mm×140 mm。

四、实验步骤

环形日光灯管电源插座在运输中可能会松动，造成灯不亮。可以打开上盖，拧开螺丝取出转盘，再打开遮光罩支脚螺丝，取出遮光罩就可以重新固定灯管的电源插座。打开电源可以检查日光灯是否亮。装上遮光罩、转盘就可以正常使用。

仪器上下两层结构。下层为控制电器部分，上层为光源及测试转盘部分。上层可以打开，拧开测试板中央四个螺丝调换所选择的测试板。

测试棒插头插入后面板的插座中。如用耳机，则耳机插头插入后面板的相应插座中。

接通电源，打开电源开关。日光灯启动时，可能对数码显示有干扰，可按"复位"键，恢复正常。

控制前面板如图 14.2 所示，主要由定时时间设定按键组合、控制转盘速度、方向按键、开始键、打印键、复位以及转速、成功时间、失败次数显示数码管组成。后面板如图 14.3 所示，主要由电源开关、音量大小调节旋钮以及耳机、测试棒、打印机插座组成。

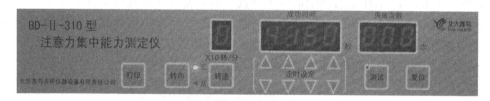

图 14.2 仪器前面板

图 14.3 仪器后面板

1. 选择转盘转速：按下"转速"键一次，其转速显示加 1，即转速增加 10 r/min，超过 90 r/min 会自动回零。如转速显示为 0，则电机停止转动。选择的转速由测定内容而定，如测定注意集中能力，则可选择慢速，减少动作协调能力的影响。

2. 选择转盘转动方向：按下"转向"键一次，其键右侧"正""反"指示灯亮灭变化一次，"正"亮表示转盘顺时针转动，"反"亮表示转盘逆时针转动。如转盘正在转动中，每按一次"转向"键，转盘变化一次转动方向，经一定时间后，转盘达到指定转速。

3. 选择定时时间：按"定时设定"组合按键，按"▲""▼"键确定实验时间，其时间值实时显示于"成功时间"显示窗上。

4. 插入耳机插头，选择噪声由耳机发出，否则由喇叭发出。其噪声音量可以由后面板的音量旋钮调节。

5. 被试用测试棒追踪光斑目标，当被试准备好后，主试按"测试"键，这时此键左上角指示灯亮,同时喇叭或耳机发出噪声,表示实验开始。被试追踪时要尽量将测试棒停留在运动的光斑目标上,以测试棒停留时间作为注意力集中能力的指标。实时显示其时间,即成功时间;同时实时记录下追踪过程中测试棒离开光斑目标的次数,即失败次数。

6. 到了选定的测试定时时间时,"测试"键左上角指示灯熄灭,同时噪声结束,表示追踪实验结束。

7. 复位:测试过程中,要中断实验必须按"复位"键;一次测试结束后要重新开始新的实验,也必须按"复位"键。按下后,成功时间位置显示定时时间,失败次数清零,回到第4步。

五、实验结果及讨论

记录实验过程中成功时间与错误次数,填入表14.1中。

表 14.1 注意力集中能力测试记录表

插片	设定时间/s	转向	转速（×10 r/min）	测量项目	被试1	被试2	被试3	被试4	被试5	被试6
正方形/三角形/原点	60	正	1	成功时间						
正方形/三角形/原点	60	正	1	失败次数						
正方形/三角形/原点	60	正	2	成功时间						
正方形/三角形/原点	60	正	2	失败次数						
正方形/三角形/原点	60	正	3	成功时间						
正方形/三角形/原点	60	正	3	失败次数						
正方形/三角形/原点	60	正	4	成功时间						
正方形/三角形/原点	60	正	4	失败次数						
正方形/三角形/原点	60	正	5	成功时间						
正方形/三角形/原点	60	正	5	失败次数						
正方形/三角形/原点	60	正	6	成功时间						
正方形/三角形/原点	60	正	6	失败次数						
正方形/三角形/原点	60	正	7	成功时间						
正方形/三角形/原点	60	正	7	失败次数						
正方形/三角形/原点	60	正	8	成功时间						
正方形/三角形/原点	60	正	8	失败次数						
正方形/三角形/原点	60	正	9	成功时间						
正方形/三角形/原点	60	正	9	失败次数						

1. 根据实验结果分析所收集的数据,作出数据的趋势图。

2. 分析影响注意力的因素,在现实生活中,哪些作业需要注意力的高度集中,并分析如何提高作业绩效?

六、注意事项

1. 工作时,室内光线不宜太强。
2. 测试棒接触靶不宜用力过大。
3. 按"转速"键升速度,如按动过快,会不响应;按"转向"键或"复位"键,正在转动过程中,转盘需慢慢达到指定的转速,这一过程中按其他键都不响应。
4. 实验完毕后,必须切断电源。

实验十五　似动实验

一、实验目的

通过实验了解什么是似动现象；探索似动现象的研究方法，掌握似动现象的基本规律。

二、实验原理

似动现象是一种错觉性的运动知觉。它是在一定的条件刺激下，物体在空间没有位移而被知觉的运动。

似动仪是演示和测定心理似动感知的仪器。实验一般按下列方式进行：先呈现一个刺激，随后在不同空间位置再呈现一个相似的刺激。这样，在两个刺激的强度、时距、空距适当的条件下，就会引起似动知觉，即亮点从先呈现的位置移到后呈现的位置。

三、实验仪器

实验采用 BD-Ⅱ-107A 型似动仪，如图 15.1 所示，该仪器的相关技术参数如下。

图 15.1　似动仪

1. 信号发生：输出 0.1～60 Hz 方波闪烁信号。
2. 频率调节：<10 Hz，每挡 0.1 Hz；>10 Hz，每挡 1Hz。
3. 呈现分两部分：

(1) 插入可调换图片演示似动现象，图片为长短错觉、飞鸟似动、线条似动、折线反转现象四种；

(2) 似动现象时空条件测定：1 个亮点固定，另 1 个亮点可移动，两亮点间距为 60～200 mm，可调，亮点直径为 3 mm；

(3) 仪器尺寸：280 mm×280 mm×245 mm。

四、实验步骤

1. 接通并打开电源开关。拨动电源开关一侧的微拨开关，选择演示实验或者似动时空条件测定实验。要求被试离开观察面 1.5～2 m，并要在光线较暗处进行。

2. 调整亮点或亮面闪烁的频率。按红键一下,频率将增加 1 挡,如果不松手按下一段时间,频率将持续上升,升至 60 Hz 时将不再上升;反之,按绿键一下,频率将降低 1 挡,如果不松手按下一段时间,频率将持续降低,降至 0.1 Hz 时将不再下降。

3. 实验一:

附有长短错觉、飞鸟似动、线条似动、折线反转四张图案插片,可供调换使用。调整闪烁频率,演示四种似动现象。

插入长短错觉图案,将相继呈现两个简单的错觉图形,可见到中间线条的延长与缩短现象。

插入两个飞鸟图案,能产生相当于鸟飞行的现象。

插入两个相互垂直的线条图案,能产生直立线条轻轻倒下的现象。

插入两个折线的图案,可观察到翻转现象,即似动范围超出刺激所在平面,形成空间运动形式。

4. 实验二:

呈现亮点有两个,一个固定,另一个可通过左右移动改变互相距离。实验时,移动仪器一侧的刻度杆,定好两亮点之间的水平距离,即似动现象的空间条件。逐渐调整频率,被试确定观察到的两点是同时出现或先后出现或向一个方向移动。后者就是似动现象,得出相应频率。实验应在不同的距离下,重复进行多组实验。

五、实验结果及讨论

记录实验过程中产生似动现象的频率,将收集到的实验数据记入表 15.1 与表 15.2 中。

1. 实验一的实验数据表。

表 15.1　似动实验数据收集表(一)

插片	似动发生时信号频率					
	被试1	被试2	被试3	被试4	被试5	被试6
长短错觉图案						
飞鸟图案						
折线图案						
相互垂直线条图案						

2. 实验二的实验数据表。

表 15.2　似动实验数据收集表(二)

亮点/距离/mm	似动发生时信号频率					
	被试1	被试2	被试3	被试4	被试5	被试6
60						
80						
100						
120						
140						
160						
180						

3. 对实验二的数据进行分析,作出趋势图,并对图进行解释说明。

六、注意事项

在换不同的插片图案时,如果被试感觉眼睛疲劳,则可以休息一下后再开始测试。

实验十六　环境噪声测量

一、实验目的

了解噪声测量仪器的工作原理,掌握声级计的操作方法及噪声的测量,培养实际动手操作能力。

二、实验原理

噪声泛指一切对人们生活、工作有妨碍的声音。凡使人感到烦恼、不愉快的声音都叫噪声。随着现代工业生产和交通工具的发展,人接触噪声的范围日渐扩大,噪声的危害也日益被人们所重视。噪声不但影响人们的工作、学习和休息,长时间接触噪声还会损害听力和身体健康。

环境噪声是随时间而起伏的无规律噪声,因此,测量结果一般用统计值或等效声级来表示。经常使用的是等效连续 A 声级:统计噪声级是描述噪声随时间变化状况的统计物理量,计算方法是将测得的 100 个数据按从大到小的顺序排列,第 10 个数据为 L_{10}(表示在取样时间内 10% 的时间超过的噪声级),L_{50}、L_{90} 可以此类推。

L_{10}:10% 的时间超过此声级,相当于噪声的平均峰值。

L_{50}:50% 的时间超过此声级,相当于噪声的平均值。

L_{90}:90% 的时间超过此声级,相当于噪声的本底值。

简化计算: $L_{eq}=L_{50}+d^2/60,d=L_{10}-L_{90}$。

三、实验仪器

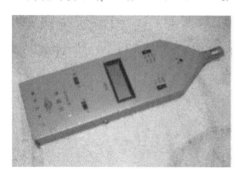

图 16.1　HY104 型数字式声级计

本实验采用 HY104 型数字式声级计(见图 16.1)。该仪器可用于工厂、学校、办公室、交通道路、家庭等各种场合的噪声测量。声级计是噪声测量中最基本的仪器,一般由电容式传声器、前置放大器、衰减器、放大器、频率计权网络以及有效值指示表头等组成。

四、实验步骤

1. 熟悉数字式噪声计操作步骤。

(1) 打开电源开关到"开"的位置,根据噪声的强度,选择高、中、低挡(安静环境选择低挡、中等强度选择中挡、高噪声环境选择高挡)。声级加权系统:环境噪声测量选择 A 挡,不选择 C 挡;读数频率打到"普通"挡代表 1 s 显示最低数值,打到"保持"挡代表一段时间内显示最高数值。

(2) 手持噪声计距离声源 1~1.5 m 距离测量。

(3) 测量完毕后,将电源开关置于"关"的位置。

2. 选择合适的测量区域及监测点位。

根据学校实际情况可选校园生活场所作为测量区域,如学校大门前的交通路口、教学区(教室、教室走廊)、体育场、生活区、校园道路、图书馆等,一个小组(4~6人)选择一个区域作为测量点。

注意:
根据噪声排放源、周围噪声敏感建筑物的布局以及毗邻的区域类别,在噪声排放源边界布设多个测量点,其中包括距噪声敏感建筑物较近以及受被测声源影响大的位置。测量点位置一般选在噪声排放源边界外1 m、高度1.2 m以上、距任一反射面距离不小于1 m的位置。当边界有围墙且周围有受影响的噪声敏感建筑物时,测量点应选在边界外1 m、高于围墙0.5 m以上的位置。

测量室内噪声时,室内测量点设在距任一反射面至少0.5 m、距地面1.2 m高度处,在受噪声影响方向的窗户开启状态下测量。

若是区域环境噪声测量,将区域均等地划分为25 m×25 m的若干网格,测量点选在每个网络的中心位置,若中心位置不宜测量,可移动到旁边能够测量的位置,总测量点数为10~15个。

3. 测量时间与条件:分别在昼夜时段("昼夜"是指6:00至22:00之间的时段)进行测量。每组4~6人进行测量与记录,按照方案在各测量点监测昼夜噪声瞬时值并记录。

4. 读数方式采用慢挡,每隔5 s读一个瞬时A声级,每次每个测点应连续读取100个数据,将数据填入表16.1中。

五、实验结果及讨论

测量点实验数据表如表16.1所示。

表16.1 测量点实验数据表

测量区域:　　　　　测量点编号:　　　　　测量人员:　　　　　单位:dB

1. 工业企业厂界环境噪声测量点位置应该如何选择？

2. 说一说客车车内噪声限值的测量方法。

六、注意事项

1. 排除反射声的影响。选测量点时，要把传声器放在远离反声物的地方。
2. 现场测量时，应注意减少和避免其他环境因素的干扰，如强气流（避开气流或在传声器上加装防风罩）、电磁场、高温、高湿。

实验十七　错觉测试实验

一、实验目的

使用错觉实验仪测定被试的视觉偏差,并根据实验数据验证视错觉现象的存在和得出错觉量大小的结论。

二、实验原理

错觉是在特定条件下,对客观事物所产生的带有某种倾向的歪曲知觉,而且是必然产生的。错觉在人的心理活动中几乎是难以避免的,不随人的意志而改变。当产生错觉的条件存在时,每个人都会出现错觉,只是错觉量的大小存在差异,所以它并不是心理的一种缺陷。

错觉的种类很多,但最常见、应用最广的是几何图形视错觉。本实验主要是证实最典型的缪勒·莱伊尔(Muller Lyer)视错觉现象的存在和研究错觉量大小。缪勒·莱伊尔视错觉是指两条等长的线段,由于一条两端画着箭头,另一条两端画着箭尾,看起来前者比后者短。这是由于人的知觉整体性引起的错觉。

三、实验仪器

本实验采用 BD-Ⅱ-113 型错觉实验仪,如图 17.1 所示。

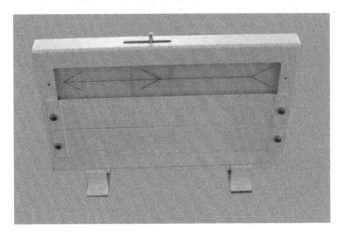

图 17.1　BD-Ⅱ-113 型错觉实验仪

该仪器技术指标如下:
1. 线段总长度:200 mm,箭头线与箭尾线长度可调,可调范围为±20 mm。
2. 错觉量长度读数误差:小于 0.1 mm,位于仪器的背面。
3. 箭羽长度:25 mm。
4. 箭羽线夹角:30°,45°,60°。

5. 选用一种夹角箭羽线时的挡板:两块。

四、实验步骤

1. 仪器有三种不同箭羽线夹角的线段,实验时选择一种做实验,其余两种用挡板挡住。
2. 仪器直立于桌面,被试位于1 m以外,平视仪器的测试面。主试移动仪器上方的拨杆,即调整线段中间箭羽线的活动板,使被试感觉到中间箭羽线左右两端的线段长度相等为止。这样可以验证箭头线与箭尾线的长度错觉现象,并读出错觉量值。
3. 选择另一种箭羽线夹角的线段,重新测试其错觉量值,并比较不同条件(即不同箭羽线夹角)对错觉量的影响。

五、实验结果及讨论

实验结束后,将数据记录到表17.1中。

表 17.1 箭羽线成不同夹角时的错觉量测量数据表

次数 \ 箭羽角度	30°	45°	60°
1			
2			
3			
4			

1. 导致人产生错觉的因素有哪些?生活中应该怎样避免错觉的产生?

2. 本测试研究的内容一般在哪些研究和生活领域可以用到?

3. 比较不同条件(即不同箭羽线夹角)对错觉量的影响。

六、注意事项

1. 操作时,主试应清楚地表达实验指导语,待被试完全理解后开始实验。在操作过程中,主试看主试面板,被试看被试面板,且主试在实验的整个过程中一定要保持表情和语言上的中立性。
2. 主试负责记录被试的实验数据,但不能立即反馈给被试。

3. 要求被试的观察距离在 1 m 远处。
4. 测试过程中,被试不能看到拨杆的位置,以免影响测量结果。
5. 记录的数据为实际与读出的偏差值,取绝对值即可,不分正负号。

实验十八　闪光融合频率测试

一、实验目的

使用闪光融合频率计测定闪光融合临界频率并确定辨别闪光能力的水平,即视觉时间的视敏度。

二、实验原理

一个频率较低的闪光刺激会产生忽明忽暗的感觉,称为光的闪烁。随着光的频率不断增加,闪烁感觉就会逐渐消失,最后变成一个稳定的光,这称为光的融合。感到光的融合时闪光的最低频率和感到光闪烁时闪光的最高频率的平均数叫作闪光融合临界频率。

视敏是眼睛的一种基本功能,视敏度可作为衡量视觉疲劳及精神疲劳的一种指标。不同状态的人,闪光融合频率的差异较大。闪光融合频率越高,表示大脑意识水准也越高,人体疲劳时,闪光融合频率降低,因此,测定人的闪光融合频率是测量人体疲劳的一种常用方法。一般常用闪光融合频率的日间和周间变化率作为疲劳指标。

三、实验仪器

本实验采用 BD-Ⅱ-118 型闪光融合频率计,如图 18.1 所示。

闪光融合频率计又称亮点闪烁仪,其可以测量闪光融合临界频率,确定辨别闪光能力的水平,即视觉时间的视敏度,还可以检验闪光的色调、强度、亮黑比以及背景光的强度发生变化时对闪光融合临界频率的影响。

闪光融合频率计是心理学实验及人员选材方面常备的仪器。仪器频率控制采用计算机技术,闪烁频率精度高,稳定性好,操作方便,采用一体设计,结构简单。

图 18.1　BD-Ⅱ-118 型闪光融合频率计

（一）主要技术指标

1. 亮点闪烁频率:4.0～60.0 Hz,0.1 Hz 分挡可调,用数码电位器调节。三位数字显示,误差小于 0.1Hz。

2. 亮点颜色:红、黄、绿、蓝、白 5 种可选。亮点直径:$\phi 2$ mm。

3. 亮点观察距离:约 500 mm。

4. 背景光:白色,强度分四挡(1、1/4、1/16 与全黑)可调。

5. 亮点波形:方形。

6. 亮点闪烁亮黑比:1∶3、1∶1、3∶1 三挡。

7. 亮点光强度七挡:1、1/2、1/4、1/8、1/16、1/32、

1/64。

8. 外形尺寸:300 mm×150 mm×250 mm。

9. 工作条件:电源,交流 220 V±22 V,50 Hz±1 Hz;相对湿度,小于 85%。

(二)仪器组成

1. 被试观察面板由一个观察筒、调节亮点闪烁频率的"频率调节"旋钮和一个"选色"旋钮组成;

2. 主试操作面板上方有三位数字,用于显示亮点闪烁频率,面板下部从左至右依次是闪光亮点"强度"、亮点"亮黑比"、"背景光"亮度三个旋钮。

四、实验步骤

根据实验室现有实验设备做两组实验:测量不同颜色在背景光的强度、亮点的光强、亮黑比相同情况下的临界频率,测量相同颜色在不同的背景光的强度情况下的临界频率。下面介绍具体的实验步骤。

(1) 接通电源,电源开关在仪器的左前侧。初始亮点闪烁频率为 10.0 Hz。

(2) 令被试双眼紧贴观察筒,观察位于视觉中央的亮点。

(3) 先将背景光的强度、亮点的光强、亮黑比以及亮点的颜色都选择固定在所需位置上,然后再测定亮点闪烁的临界频率。

(4) 在测定闪烁临界频率时,频率的快慢都由被试调节。转动仪器右侧亮点闪烁"频率调节"旋钮,相应频率将增加或减少。调节过程中,亮点闪烁实时变化。频率调节范围为 4.0~60.0 Hz。

(5) 若被试开始观察时看不到亮点在闪烁,则降低闪烁频率,被试刚刚见到闪烁时立即停止调节,记下这时显示的闪烁频率;如果被试开始观察时能见到亮点在闪烁,则将频率调快,刚刚看起来不闪烁(融合)时立即停止调节,记下其频率。在融合点附近可以反复测试,得出平均值。

(6) 如检测不同颜色亮点的闪烁临界频率,则转动亮点"选色"旋钮,选定一种颜色。

(7) 如检验亮点强度对闪烁临界频率的影响,则其他条件保持不变,在各种光强下测定闪烁临界频率。检验其他条件对闪烁临界频率的影响时,参照此测定方法。

五、实验结果及讨论

1. 不同颜色在背景光的强度、亮点的光强、亮黑比相同情况下的临界频率实验数据表如表 18.1 所示。

表 18.1 不同颜色在背景光的强度、亮点的光强、亮黑比相同情况下的临界频率实验数据表

颜色项目	融合时闪光的最低频率	闪烁时闪光的最高频率	闪光融合临界频率
红			
绿			
黄			
蓝			
白			

2. 相同颜色在不同的背景光强度下的临界频率实验数据表如表 18.2 所示。

表 18.2　相同颜色（白色）在不同的背景光强度下的临界频率实验数据表

背景光的强度	融合时闪光的最低频率	闪烁时闪光的最高频率	闪光融合临界频率
0			
1/16			
1/4			
1			

3. 本测试的研究内容一般在哪些研究和生活领域可以用到？

六、注意事项

1. 实验分两组进行，根据表格的内容，在仪器上进行选择并将数据记录在数据表格内。

2. 实验过程中，请不要太靠近桌子，以免触碰到电源插座而影响实验的进行。

3. 接通电源并打开电源开关后，若频率表不显示，则是电源没有接通，应检查电源插头、电源线、保险管和电源开关以及"+5 V"稳压电源部分。

4. 仪器应放在干燥通风处。仪器长时间不用时，应每三个月连续加电 4 h 以上。当空气湿度较大时，应每月连续加电 4 h 以上。

实验十九 镜画测试

一、实验目的

熟悉镜画仪的使用方法和基本组成,了解动作技巧形成的影响因素,并根据实验数据总结在校大学生左手和右手动作技巧形成的规律。

二、实验原理

学习新知识和新技能时往往会受到已获得的知识和已学会的技能的影响。这种先前的学习影响后来学习的现象被称为学习的迁移,分为起积极促进作用的正迁移和起消极阻碍作用的负迁移两种。1910 年,D. Starch 首创了镜画实验,其实验结果说明了从一只手到另一只手的正迁移效果。不过,近年来很多研究表明,当新形成的动作技巧和原来的经验出现冲突的时候则会产生负迁移现象。如朱霞等在《通信兵注意分配能力与专业水平关系的研究》中认为,镜画实验是一个动作技能的负迁移过程;齐中延在《对竞技运动员动作技能迁移的实验研究》中指出,技能是人们在活动中运用一定的知识经验经过练习而获得的完成某种任务的动作方式或心智活动方式。动作技能是通过练习形成的,动作技能的形成主要分为三个阶段:第一个阶段是认知阶段;第二个阶段是联结阶段;第三个阶段是自动化阶段。熟练的技能是形成动作技巧的基本条件。

本实验不考虑迁移的效果,采用 ABBA 法对实验过程进行干预,平衡掉实验顺序的误差,探讨左右手动作技巧形成的特点。

三、实验仪器简介

实验采用 BD-Ⅱ-312 型镜画仪,如图 19.1 所示。

该仪器技术指标如下:

(1) 图形板:四块,可方便调换,图案分别为六角星、梅花形、大工字、折线,图案线宽为 5 mm。

(2) 遮板与平面镜:能遮挡及观察整幅图案,平面镜尺寸为 170 mm×200 mm。

(3) 描绘笔:直径为 2 mm。

(4) BD-Ⅱ-308A 型定时计时计数器,记录下学习画下图形的时间及失败次数。操作方法详见定时计时计数器说明书,主要技术参数如下。

① 最大记录次数:999 次。

② 最大记录时间:99 分 59.999 秒,精度 0.001 s。

③ 失败时声音的反馈:可选择。

四、实验步骤

(一) 实验准备

1. 对照镜画仪主机示意图,熟悉其结构及各位置的部件。

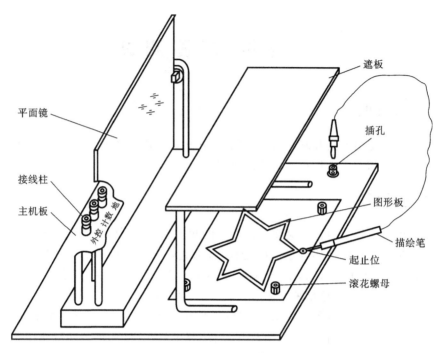

图 19.1 镜画仪示意图

2. 实验前,连接仪器电源,将描绘笔的插头插入主机板右侧的插孔中,平面镜安装于其固定位中,并调整至与主机板垂直。选择一块图形板,安装于主机上。图形板应放平并注意起止位孔方向,放平后拧紧四个滚花螺母。

(二) 正式测试

1. 被试坐正,面对镜画仪正面。实验开始前,被试将下颚放在遮板上方(使其不能直接看到板下图形),手握描绘笔并注视平面镜内的图形,并将描绘笔接触图形板下方起止位上方的绝缘层。

2. 主试按下定时计时计数器的"开始"键,并口头提示"实验开始",定时计时计数器开始计时,要求被试用描绘笔尽快正确地学习画下图形板上的图形,即描绘笔沿着图形按顺时针或逆时针向一个方向移动。由于图形与镜子中看到的前后方向相反,因此必须注意动作的技巧。若描绘笔离开图形与金属底板接触则视为失败,并伴有声音反馈。这时,被试应立即回到绝缘层上,并继续向前画。描绘笔沿着图形移动一周后,回到起始位金属中心,实验结束,计时停止,定时计时计数器显示实验所用时间及失败的次数。

3. 下一个实验重新开始时,按定时计时计数器"复位"键。

> 注意:
> 主试和被试左手和右手的实验开始顺序是相反的,实验过程中的左右手顺序严格按照 ABBA 法,实验总次数为左右手各 10 次。

五、实验结果及讨论

1. 左右手镜画实验数据表如表 19.1 所示。

表 19.1　左右手镜画实验数据表

项	次	1	2	3	4	5	6	7	8	9	10
时间	左手										
	右手										
出错次数	左手										
	右手										

2. 根据实验数据,以实验次数为横坐标,分别以实验时间和出错次数为纵坐标进行描绘,得出左手与右手的实验时间和出错次数曲线,进而总结左手和右手动作技巧形成的特点。

3. 根据生活经验,思考影响动作技巧形成的因素有哪些?

六、注意事项

1. 测试时,描绘笔必须沿一个方向接触图形连续移动,且不能抬起。测试时,不能用力过大,注意保护图形膜。

2. 注意保持平面镜表面的干净,不用时请放入其包装盒中。

实验二十　双手调节实验

一、实验目的

了解双手调节实验的基本原理,并测量一个被试的双手操作协调能力,进而通过实验数据,判断被试动作学习中双手协调能力提高的程度。

二、实验原理

注意的分配性,表现在同一时间内,把注意分配到两种或两种以上对象或动作上的能力。双手协调实验也是将注意分配到两种动作的一种测试,它将动作目标通过双手(即右手完成上下移动轨迹,左手完成左右移动轨迹)按指定的轨迹正常移动。根据被试完成一周所用的时间及错误次数(即离轨次数),观察其在注意分配上的能力。分别对对称曲线图形与WM曲线图形测试双手协调能力,统计其走完一周所用的时间和出错次数。

三、实验仪器

实验采用 BD-Ⅱ-302 型双手调节器,如图 20.1 所示。该仪器组成部分如下:
(1) 由两个摇把控制的描针一个,两个摇把由双手各持一个;
(2) 在金属板上有一个图案;
(3) 仪器的各部分均安装在一个三脚架上;
(4) 计时计数器集成在主机上;
(5) 图案不同的模板两块。

四、实验步骤

1. 选择一块图案板,固定于上层面板,将描针放在要求描绘图案的一端。
2. 主试按下"开始"键,要求被试从图案的一端描绘到另一端并不得接触图案的边缘。如被试用以描绘的针碰到边缘,由计时计数器记一次错误次数,并伴有蜂鸣提示,这时被试应立即返回到正常的轨道上,同时蜂鸣声响结束。当描针走到另一端时,主试按下"停止"键,实验结束,计时计数器会记下描绘整个图案所需要的全部时间和出错次数。
3. 被试的描绘由描针完成,针的左右或前后移动都分别由两个摇把控制,因此正确描绘的速度与操纵两个摇把的双手动作协调性有关。
4. 下一个实验重新开始时,按计时计数器"复位"键。本实验每种图形均测试五次。

图 20.1　BD-Ⅱ-302 型双手调节器

五、实验结果及讨论

1. 分别装上绘有对称曲线图形和 MW 图形的图案板,测定完成时间和出错次数,两种图案板的测试数据表如表 20.1 所示。

表 20.1　两种图案板的测试数据表

图形形状	完成时间/s					出错次数/次				
	第1次	第2次	第3次	第4次	第5次	第1次	第2次	第3次	第4次	第5次
对称曲线图形										
MW 图形										

2. 由五次实验数据,初步判定自己动作学习中双手协调能力有无提高,并说出判定依据。

3. 通过实验测试,总结影响双手协调能力的因素有哪些。

六、注意事项

1. 测试前,应固定螺丝钉于安装摇把轴的扁平位置。
2. 两块图案板在不使用时,应及时收好,防止丢失。
3. 在操作过程中,不可用蛮力摇动摇把,防止损坏仪器。

实验二十一 沿程阻力系数的测定

一、实验目的

测定不同雷诺数 Re 时的沿程阻力系数 λ,掌握沿程阻力系数的测定方法。

二、实验原理

对图 21.1 所示 1、2 两断面列能量方程式,可求得 L 长度上的沿程水头损失

$$h_f = \frac{p_1}{\gamma} - \frac{p_2}{\gamma} = \Delta h = h_1 - h_2$$

根据达西公式

$$h_f = \lambda \frac{L}{d} \cdot \frac{v^2}{2g}$$

并用流量计测得流量(仔细阅读流量计使用方法),算出断面平均流速,即可求得沿程阻力系数 λ

$$\lambda = \frac{2gdh_f}{Lv^2}$$

三、实验仪器

本实验采用 HY-012 沿程阻力实验台,其简图如图 21.1 所示。

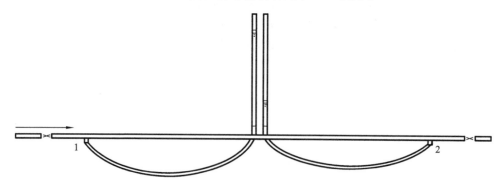

图 21.1 沿程阻力实验台设备简图

四、实验步骤

1. 开泵,调节进水阀门,使测压管中出现高差。
2. 关闭进水阀门,测压管中水位应一平,如仍有高差,说明连接管中有气泡,应赶净。
3. 用流量计测量流量。

五、实验结果及讨论

1. 测定沿程阻力系数,实验数据表如表 21.1 所示。

测定沿程阻力系数,其中:$d=$ _____ mm;$L=$ _____ m。

表 21.1　沿程阻力系数测定实验数据表

序号	h_1/cm	h_2/cm	Δh/cm	q/(cm³/s)	v/(cm/s)	λ
1						
2						
3						

2. 结合上述实验数据的计算结果,分析影响 λ 准确性的因素有哪些。

六、注意事项

1. 实验前,用压气球和右侧阀门排净显示玻璃管中的气泡。
2. 每次测试,阀门的开启度一定是"一步到位",中间不能随意更改。
3. 每测试一次,浮子式流量计所在水箱中的水一定要排净后才能按"复位"键,否则计时继续显示。
4. 记录数据时,一定要看清楚流量计上的单位,在计算时注意单位转换。
5. 记录 h_1 和 h_2 时,视线和管中水要保持水平。
6. 不能往实验台上坐、倚、靠,以免压坏玻璃管。

实验二十二 局部阻力系数的测定

一、实验目的

测定阀门不同开启度(全开、30°、45°三种)时的阻力系数,掌握局部水头损失的测定方法。

二、实验原理

如图 22.1 所示对测点 1、2 两断面列能量方程式,可求得阀门的局部水头损失及(L_1+L_2)长度上的沿程水头损失,以 h_{L1-2} 表示,则

$$h_{L1-2}=\frac{p_1-p_2}{\gamma}=\Delta h_1 \tag{1}$$

对测点 3、4 两断面列能量方程式,可求得阀门的局部水头损失及 $1/2(L_1+L_2)$ 长度上的沿程水头损失,以 h_{L3-4} 表示,则

$$h_{L3-4}=\frac{p_3-p_4}{\gamma}=\Delta h_2 \tag{2}$$

式(2)—式(1)即为阀门的水头损失 h_m,则阻力系数为

$$\xi=\frac{2(h_3-h_4)-(h_1-h_2)}{v^2/2g}$$

三、仪器设备

本实验采用 HY-013 局部阻力实验台,其简图如图 22.1 所示。

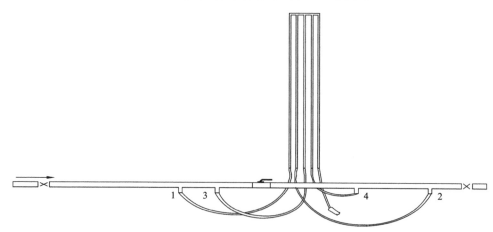

图 22.1 局部阻力实验台设备简图

四、实验步骤

1. 开泵,调节进水阀门,使测压管 1、2、3、4 中出现压差。如管中液位太高,可用压气球打压,使液位降低,以增加测量范围。

2. 先关闭进水阀门,测压管中水位应在同一水平上,如不平,说明连接胶管中有气泡,应赶净后再进行实验。

3. 用流量计测量流量。

注意:

如出现测压管冒水现象,不必惊慌,可全开出水阀门,或停泵重做。

五、实验结果及讨论

1. 测定沿程阻力系数,实验数据表如表 22.1 所示。

阀门不同开启度沿程阻力系数测定,其中:$d = _____$ cm,$L_1 = _____$ m,$L_2 = _____$ m。

表 22.1 沿程阻力系数测定实验数据表

开启度	序号	h_1/cm	h_2/cm	Δh_1/cm	h_3/cm	h_4/cm	Δh_2/cm	$(2\Delta h_2 - \Delta h_1)$/cm	$q/(cm^3/s)$	$v/(cm/s)$	ξ
全开	1										
	2										
	3										
30°	1										
	2										
	3										
45°	1										
	2										
	3										

2. 结合上述实验数据的计算结果,分析影响 ξ 准确性的因素有哪些。

六、注意事项

1. 实验前,用压气球和右侧阀门排净显示玻璃管中的气泡。
2. 每次测试,阀门的开启度一定是"一步到位",中间不能随意更改。
3. 每测试一次,浮子式流量计所在水箱中的水一定要排干净后才能按"复位"键,否则计时继续显示。
4. 记录数据时,一定要看清楚流量计上的单位,在计算时注意单位转换。
5. 记录 h_1、h_2、h_3 和 h_4 时,视线和管中水要保持水平。
6. 不能往实验台上坐、倚、靠,以免压坏玻璃管。

实验二十三　文丘里实验

一、实验目的

标定文丘里流量计的流量系数，验证能量方程的正确性。

二、实验原理

在文丘里流量计入口处取Ⅰ—Ⅰ断面，在其喉部收缩段取Ⅱ—Ⅱ断面，由于流量计系水平放置，则可列出能量方程如下（不计水头损失）：

$$\frac{P_1}{\gamma}+\frac{a_1 v_1^2}{\gamma}=\frac{P_2}{\gamma}+\frac{a_2 v_2^2}{2g} \tag{1}$$

根据连续性方程得

$$v_1 \omega_1 = v_2 \omega_2 = Q \tag{2}$$

令

$$a_1 = a_2 = 1$$

由(1)、(2)两式可得计算流量的公式为

$$Q=\frac{\omega_2}{\sqrt{1-\left(\frac{\omega_2}{\omega_1}\right)^2}} \cdot \sqrt{2g\frac{p_1-p_2}{\gamma}}$$

或

$$Q=\frac{\frac{\pi d_2^2}{4}}{\sqrt{1-\left(\frac{d_2}{d_1}\right)^4}} \cdot \sqrt{2g\frac{p_1-p_2}{\gamma}}$$

式中，$\frac{p_1-p_2}{\gamma}$ 为两断面测压管水头差，即测压计内的液面高差 Δh。

令

$$k=\frac{\frac{\pi}{4}d_2^2}{\sqrt{1-\left(\frac{d_2}{d_1}\right)^4}} \cdot \sqrt{2g}$$

则流量公式可改写成

$$Q=k \cdot \sqrt{\Delta h}$$

因此，测出测压计水位高差 Δh 后，即可求出计算流量 Q。

由于实际上所取的两个断面之间存在着水头损失，因此实际流量 Q_0 一般要略小于计算流量 Q，如令

$$\mu=\frac{Q_0}{Q} \tag{3}$$

则 μ 是一小于 1 的数，称为流量系数。

本实验的目的就是用实验的方法确定流量系数 μ 的具体数值，实际流量 Q_0 用体积法测定，即

$$Q_0 = \frac{V}{\Delta t} \tag{4}$$

式中,V 为 Δt 时间内由管道流入计量箱内的水的体积。

三、实验仪器

本实验采用 LQW-05 文丘里流量计校正仪,如图 23.1 所示,其基本组成有实验台、回水位水箱、喉管、测量水箱、控制阀门等。

图 23.1　文丘里流量计校正仪

四、实验步骤

1. 准备工作。

(1) 记录仪器常数 d_1、d_2,并计算出 k 值。

(2) 检查测压计液面是否水平(此时 $Q=0$),如果不在同一水平面上,必须将橡皮管内空气排尽,使两测压管的液面处于水平状态,方能进行实验。

(3) 全部开启出水阀门。

2. 进行实验,实验步骤如下。

(1) 开启进水阀门,调至一较大流量,使测压计高差达到最大值,作为第一个实验点,测读并记录测压计内液面的读数。

(2) 用秒表和计量箱测定流量,记下时间 Δt 和体积 V。

(3) 逐渐关小进水门,每次减小高差约 10 cm,测读 Δh、V 和 Δt,如此共进行 6~10 次。

(4) 关闭进水阀门,检查测压计液面是否在同一水平上,从而检查实验过程中橡皮管内是否有空气进入。

五、实验结果及处理

1. 文丘里实验数据表如表 23.1 所示。

仪器常数 $d_1=1.3$ cm,$d_2=0.7$ cm,$k=$ _____。

表 23.1　文丘里实验数据表

实验次数	h_1/cm	h_2/cm	Δh/cm	V/cm	Δt/s	Q/(cm³/s)	Q_0/(cm³/s)	μ	水均 η 值
1									
2									
3									
4									
5									
6									

2. 分析实验得出的 μ 值的正确性。

3. 安装文丘里流量计时，是否必须保证水平？如不水平，上述流量公式是否仍可应用？

六、注意事项

1. 实验过程中，如测压管液面波动不稳，应对两个液面同时进行测读。
2. 每次调节流量应比较缓慢，调节完后，实验过程中不可再动前后进出水阀。

实验二十四　雷诺实验

一、实验目的

实际观察流体的两种流动形态,加深对层流和紊流的认识;测定液体(水)在圆管中流动的临界雷诺数,即下临界雷诺数,学会其测定方法。

二、实验原理

从 19 世纪初期起,通过实验研究和工程实践,人们注意到流体运动有两种结构不同的流动状态,且能量损失的规律和流动状态密切相关。

实际液体由于存在黏滞性而具有两种流动形态。液体质点做有条不紊的运动,彼此不相混掺的形态称为层流;液体质点做不规则运动、互相混掺、轨迹曲折混乱的形态叫作紊流。它们传递动量、热量和质量的方式不同:层流通过分子间相互作用,紊流主要通过质点间混掺。紊流的传递速率远大于层流的。水利工程所涉及的流动,一般为紊流。雷诺数公式为

$$Re = \frac{\rho v L}{\mu} = \frac{v L}{v}$$

三、实验仪器

实验采用 LNY-02 型雷诺实验仪,如图 24.1 所示。

图 24.1　雷诺实验仪主要结构图

恒水位水箱靠溢流来维持不变的水位。在水箱的下部装有水平放置的雷诺实验管,实验管与水箱相通,恒水位水箱中的水可以经过实验管恒定出流,实验管的另一端装有出水阀门,可用以调节出水的流量。阀门的下面装有回水水箱,计量水箱里装有体积测量标志,可读出水的体积。在恒水位水箱的上部装有色液罐,其中的彩色液体可经细管引流到实验管的进口处。色液罐的下部装有调节小阀门,可以用来控制和调节色液液流。雷诺仪还设有储水箱,有水泵向实验系统供水,而实验的回流液体可经集水管回流到储水箱中。

四、实验步骤

1. 实验前的准备。

(1) 打开进水阀门后,按下电测流量仪上的水泵开关,启动水泵,向恒水位水箱加水。

(2) 在水箱接近放满时,调节阀门,使水箱的水位达到溢流水平,并保持一定的溢流。

(3) 适度打开出水阀门,使实验管出流。此时,恒水位水箱仍要求保持恒水位,否则可再调节阀门,使其达到恒水位,应一直保持一定的溢流(注意:整个实验过程中都应满足这个要求)。

(4) 检查并调整电测流量装置,使其能够正常工作。

(5) 测量水温。

2. 进行实验,观察流态,具体操作步骤如下。

(1) 微开出水阀门,使雷诺实验管中的水流有稳定而较小的流速。

(2) 微开色液罐下的小阀门,使色液从细管中不断流出,此时可看到管中的色液液流与管中的水流同步在直管中沿轴线向前流动,色液呈现一条细直流线,这说明:在此流态下,流体的质点没有垂直于主流的横向运动,有色直线并没有与周围的液体混杂,而是层次分明地向前流动。此时,流体的流动状态即为层流(若看不到这种现象,可再逐渐关小阀门,直到看到有色直线为止)。

(3) 逐渐缓慢开大阀门至一定开度时,可以观察到有色直线开始出现脉动,但流体质点还没有达到相互交换的程度,此时即象征为流体流动状态开始转换的临界状态(上临界点),此时的流速即为临界流速。

(4) 继续开大阀门,即会出现流体质点的横向脉动,继而色线会被全部扩散并与水混合,此时流体的流动状态即为紊流。

(5) 此后,如果把阀门逐渐关小,关小到一定开度时,又可以观察到流体的流态从紊流转变到层流的临界状态(下临界点)。继续关小阀门,实验管中会再次出现细直色线,流体的流动状态转变为层流。

3. 测定临界雷诺数 $Re\text{-}k$,具体操作步骤如下。

(1) 开大出水阀门,并保持细管中有色液流出,使实验管中的水流处于紊流状态,看不到色液的流线。

(2) 逐渐缓慢关小出水阀门,仔细观察实验管中的色液流动变化情况,当阀门关小到一定开度时,可看到实验管中色液出口处开始有有色脉动流线出现,但还没有达到转变为层流的状态,此时即象征为稳流转变为层流的临界状态。

(3) 在此临界状态下,测量出水流的流量,具体步骤如下。

① 关闭计量水箱的出水阀门;扳动出水阀门下面的出水阀门,使出流的水流入计量水箱中;待水流入计量水箱中,用秒表计时,同时从计量水箱中读出水的体积。

② 打开放水阀门,把计量水箱中的水放回储水箱,再关闭阀门。

③ 按上述步骤重复测量三次,并将测试结果记入实验数据表中。

4. 用温度计测出水温,进而查得运动黏度系数。

五、实验结果及讨论

1. 雷诺实验数据表如表 24.1 所示。

表 24.1 雷诺实验数据表

次数	W/mL	t/s	Q/(m³/s)	临界流速 V_k/(m/s)	临界雷诺数 $Re\text{-}k$	附 注
1						实验管内径 $d=13$ mm;水温:____ ℃
2						
3						

2. 实验数据计算。

$$Re\text{-}k = \frac{V_k \cdot d}{v}$$

$$V_k = \frac{Q}{A} = \frac{Q}{\pi d^2/4}$$

$$Q = \frac{W}{t}$$

式中：V_k——水的运动黏度（根据实验的水温，从水的黏温曲线上查得）；

A——雷诺实验管内横截面积，m^2。

3. 临界雷诺数的测量受哪些因素的影响？

六、注意事项

1. 实验前，保证色液盒阀门管道是通畅的。
2. 测试时，阀门的开启度一定要顺序渐进，观察流体流态的改变。
3. 记录数据时，一定要看清楚测量水箱等仪器的单位，在计算时注意单位转换。
4. 不能往实验台上坐、倚、靠，以免压坏玻璃管。

第二部分

专业实验

实验一 通风管路全压、动压、静压测定

一、实验目的

了解通风管路系统测试装置(见图 1.1)的组成,测量通风管道中气流的全压值、静压值及动压值。

二、实验原理

实验采用皮托管进行测量,弯管管口正对气流方向,当气流冲向管口时,由于管内充满静止的气体,故气流在弯管管口处的速度为 0,即流体在此处动压头转变为静压头,与原有的静压头加在一起称为全压头(全压头＝静压头＋动压头)。直管的管口与气流方向垂直,传入此管的只是流体的静压头,将上述两管与压力计相接,便得到气流的动压值。

三、实验仪器

本实验采用的实验仪器有旋风除尘器、离心风机、倾斜式微压计、皮托管、橡皮管、酒精等。

1. 皮托管(测压管)。

皮托管与压力计配套使用,可用来测量通风管道中气流的全压值、静压值及动压值。

常用的标准型皮托管是由一根静压管和一根全压管以同心套接在一起焊制而成的,如图 1.2 所示。内管(内径为 3.5～6 mm 的铜管)用以测定全压,外管(内径为 7～10 mm 的铜管)用以测定静压,两管用橡皮管和 U 形压力计(或微压计)相连。采用不同的连接方法,则可测出气流的各种压力。

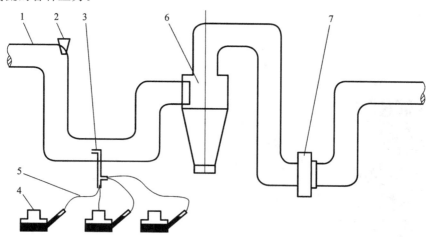

图 1.1 通风管路系统轴测示意图

1—风管;2—漏斗;3—皮托管;4—稳压计;5—空心胶管;6—旋风除尘器;7—风机

测量时,必须使管身垂直于气流,测头正对着气流方向,其轴线与气流流线平行。

2. 倾斜式微压计。

倾斜式微压计主要用来测量通风系统风管内空气的压力,其测量范围为 0~200 mm 水柱,最小读数可达 0.20 mm 水柱。其结构紧凑,使用方便。

倾斜式微压计由一根可调整倾斜角度的玻璃毛细管和一个较大截面的杯状容器组成,两者互相连通。容器内注入表面张力较小的液体(如密度为 0.81 g/cm³ 的酒精)。当被测压力与截面积较大的容器接通时,容器内的液面稍有下降(可以认为液面高度几乎不变,所引起的误差甚微),而液体沿倾斜管移动距离却较大,这样就提高了仪表的灵敏度和读数的精度。

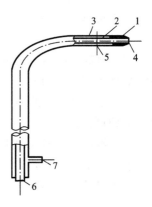

图 1.2 标准皮托管
1—头部;2—内管;3—外观;
4—全压孔;5—静压孔;
6—全压接头;7—静压接头

设倾斜管与水平面的倾角为 α,在压力 p_1 和 p_2 作用下,倾斜管液面的指示值(液面距零点的距离)为 l(即液面上升高度为 h),则测量的压力差为

$$\Delta p = p_1 - p_2 = \rho g h = \rho \sin\alpha \cdot lg = klg = 9.8lk$$

式中:ρ——酒精密度,取 0.81 g/cm³;
l——倾斜管的指示值,mm;
k——系数,$k = \rho\sin\alpha$。

仪器系数 k 有 0.2、0.3、0.4、0.6、0.8 五个数据,并直接标注在仪器的弧形支架上。通常可以根据测定压力的大小选择合适的 k 值,这样,在测量过程中只要读出倾斜管中液面的 l 值,再乘以相应的 k 值,即可算出所测的压力 p。

仪器在使用前,要向杯状容器中注入 $\rho = 0.81$ g/cm³ 的酒精。仪器处于水平状态时(用零位调节旋钮调节液面使其处于倾斜管的零点),才可以开始测定。

如果所使用的酒精密度不是 0.81 g/cm³ 时,所测得的压力需按下式进行换算

$$p = \rho'/0.81 \Delta p$$

式中,ρ' 为实际使用的酒精密度,单位为 g/cm³。

目前生产的倾斜式微压计有 y-16(上海温度计厂)和 KSY 型(大连仪表厂)两种,它们的结构基本相似。

四、实验步骤

全压、动压、静压的测定步骤如下。

(1) 负压侧。

① 测定负压侧的全压 l 值:把全压头(上面接口)另一侧接口接在倾斜式微压仪的"一"压侧,即可读出 $l_{全}$ 值。

② 测定负压侧的静压 l 值:把静压头(侧面接口)另一侧接口接在倾斜式微压仪的"一"压侧,即可读出 $l_{静}$ 值。

③ 测定负压侧的动压 l 值:把静压头(侧面接口)另一侧接口接在倾斜式微压仪的"一"压侧,全压头(上面接口)另一侧接口接在倾斜式微压仪的"+"压侧,两管同时连接倾斜式微

压仪,即可读出 $l_动$ 值。

(2) 正压侧。

① 测定负压侧的全压 l 值:把全压头(上面接口)另一侧接口接在倾斜式微压仪的"+"压侧,即可读出 $l_全$ 值。

② 测定负压侧的静压 l 值:把静压头(侧面接口)另一侧接口接在倾斜式微压仪的"+"压侧,即可读出 $l_静$ 值。

③ 测定负压侧的动压 l 值:把静压头(侧面接口)另一侧接口接在倾斜式微压仪的"−"压侧,全压头(上面接口)另一侧接口接在倾斜式微压仪的"+"压侧,两管同时连接倾斜微压仪,即可读出 $l_动$ 值。

五、实验结果及讨论

1. 实验数据记录。

(1) 负压侧。

当 $k=$ _____(0.2、0.3、0.4、0.6、0.8)时,

$l_全 = -$ _____;

$l_静 = -$ _____;

$l_动 = $ _____。

(2) 正压侧。

当 $k=$ _____(0.2、0.3、0.4、0.6、0.8)时,

$l_全 = -$ _____;

$l_静 = -$ _____;

$l_动 = $ _____。

2. 当 k 为某个数值时,分别求负压侧与正压侧的风压,并写出计算步骤及结果。

3. 负压侧 l 值的记录与正压侧 l 值记录的符号有何不同?

六、注意事项

实验过程中,注意主试和被试的及时更换,要以自己的实验数据作为分析依据;无关人员不要干扰正在进行实验的被试;不要往实验台上坐、倚、靠。

实验二　粉尘特性、防尘效率测定

一、实验目的

了解通风系统测试装置中旋风除尘器的组成;了解旋风除尘器的除尘原理,会利用通风系统测试装置测定旋风除尘器的除尘效率。

二、实验原理

旋风除尘器内的流场分析如下。

1. 流场组成。

外涡旋是指沿外壁由上向下旋转运动的气流;内涡旋是指沿轴心向上旋转运动的气流。涡流是指由轴向速度与径向速度相互作用形成的涡流,包括上涡流和下涡流。上涡流是指旋风除尘器顶盖,排气管外面与筒体内壁之间形成的局部涡流,它可降低除尘效率;下涡流是指在除尘器纵向,外层及底部形成的局部涡流。

2. 旋风除尘器内气流与尘粒的运动。

含尘气流由切线进口进入除尘器,沿外壁由上向下做螺旋旋转运动,这股向下旋转的气流即为外涡旋。外涡旋到达锥体底部后,转而向上,沿轴心向上旋转,最后经排出管排出。这股向上旋转的气流即为内涡旋。向下的外涡旋和向上的内涡旋,两者的旋转方向是相同的。气流做螺旋旋转运动时,尘粒在惯性离心力的推动下,要向外壁移动。到达外壁的尘粒在气流和重力的共同作用下,沿壁面落入灰斗。

气流从除尘器顶部向下高速旋转时,顶部的压力发生下降,一部分气流会带着细小的尘粒沿外壁旋转向上,到达顶部后,再沿排出管外壁旋转向下,从排出管排出。这股旋转气流即为上涡旋。如果除尘器进口和顶盖之间保持一定距离,没有进口气流干扰,上涡旋表现比较明显。

测定旋风除尘器内气流运动时发现,实际的气流运动是很复杂的,除切向和轴向运动外还有径向运动。T. Linden 在测定中发现,外涡旋的径向速度是向心的,内涡旋的径向速度是向外的,速度分布呈对称型。

3. 切向速度。

切向速度是决定气流速度大小的主要速度分量,也是决定气流中质点离心力大小的主要因素。

切向速度的变化规律如下:

(1) 外涡旋区,$r\uparrow$,切向速度 $u_t\downarrow$;

(2) 内涡旋区,$r\uparrow$,切向速度 $u_t\uparrow$。

三、实验仪器

仪器简图如图 1.1 所示。

1. 本实验采用的实验仪器有旋风除尘器、离心风机、电子秤、粉尘(金刚砂)等。
2. 旋风除尘器由进气口、圆筒体、圆锥体、排气管和排尘装置组成。

四、实验步骤

1. 方法介绍。

本次实验采取的是全效率(平均效率)测定中的重量法。除尘器捕集下来的粉尘量与除尘器进口的总粉尘量之比,称为除尘器的全效率或平均效率,用符号 $\eta(\%)$ 表示。

$$\eta = S_3/S_1 \times 100\% = (S_1 - S_2)/S_1 \times 100\%$$

式中:S_1——除尘器进口的粉尘质量,g/h;

S_2——除尘器出口的粉尘质量,g/h;

S_3——除尘器捕集下来的粉尘质量,g/h。

2. 具体步骤。

首先用电子天平测得总粉尘质量,在电源打开、风机旋转起来的情况下把粉尘从漏斗倒入,经过一定时间的旋转(保证粉尘在管路当中的整个循环能够完成)后关掉电源,这时打开集尘斗,倒出其内的粉尘并放入原来测总粉尘量的纸上,即可测得被旋风除尘器捕捉的粉尘质量,代入公式即可求出一组实验数据。改变粉尘特性(如颗粒大小、种类多少等),即可测得旋风除尘器对不同粉尘特性的除尘效率。

五、实验结果及讨论

1. 实验数据记录。

测得总粉尘质量:_____ g,除尘器捕捉的粉尘质量:_____ g。

2. 除尘效率的测定结果是什么?

3. 影响除尘器测定效率的因素有哪些?

六、注意事项

实验过程中,请不要太靠近桌子,以免被桌子上的粉尘弄脏衣服;无关人员不要干扰正在进行实验的被试;不要往实验台上坐、倚、靠;用电子天平测纸张质量时要注意去皮;保证集尘斗内部的清洁,没有上次的实验残余。

实验三 可燃和有毒有害气体事故预警实验

一、实验目的

通过应用计算机仿真可燃气体(粉尘)的燃爆事故和有毒有害气体事故危险性预警实验,使学生掌握苯、甲醛等十三种可燃气体(粉尘)和有毒有害气体危险性的前兆,观测其预警的相关技术参数和标准,理解事故预警系统的组成和系统的程序执行流程,使学生对各种事故预警有更直观和深刻的认识,对事故预警系统的组成、操作程序和作用有进一步的认识,以及掌握苯、甲醇等十三种可燃气体(粉尘)的燃爆事故和有毒有害气体事故预警的范围参数。

二、实验原理

通过系统对可燃气体(粉尘)的燃爆危险性和有毒有害气体的中毒危险性的讲解,使学生了解可燃气体(粉尘)和有毒有害气体的各种危险性和危害的机理;通过事故仿真模拟装置控制系统模拟演示其出现危险事故的前兆和应急预案和启动的全过程,得到各种气体的相关预警技术参数(预警极限),掌握应急预案的程序和流程。

三、实验仪器

事故预警控制装置(MXAY-1),显示面板,控制软件,音响,电源($U=220$ V,$f=50$ Hz)。

四、实验步骤

1. 系统的连线和调试:将计算机、显示面板控制装置和电源等设备按要求连线。注意各种数据线的连接次序和正确的插入方法,不要将数据插头的插口和针弄坏,连线时不可连接电源。检查线路的连接是否正确,若正确则连接电源,首先连通电脑和控制系统,然后打开显示面板的电源,观察其是否正常,并对其显示进行调试。

2. 在演示之前,要确定操作人员和专门的实验记录人员,方可开始实验。

3. 事故预警仿真装置采用微型计算机操作控制系统,演示前先检查项目开关是否处于弹起状态;若没有,将之弹起。

4. 打开控制箱电源开关,按下需要演示的项目按钮,微型计算机将对该项目进行自动解说,解说结束后向模拟盘上的计算机发出预警指令,模拟盘上的计算机将按照预定程序进行模拟演示。当参数达到预警极限时,预警装置发出报警信号,并采取相应措施(如加强通风、撤离人员、切断电源等),防止事故的发生。注意观察实验现象和记录数据。

五、实验结果及讨论

1. 实验数据记录表如表 3.1 所示。

表 3.1 实验数据记录表

序号	物质名称	实验现象			预警极限
		声音	光电	应急救援	
1					
2					
3					
4					
5					
6					
7					
8					
9					
10					
11					
12					
13					

2. 事故预警极限值和导致事故发生的极限值有何不同？

六、注意事项

1. 电源应良好接地,注意安全用电。
2. 数据接口要按规定接入,严禁乱接乱插。
3. 实验过程中,操作步骤的先后次序严禁颠倒,否则会造成系统出错。
4. 实验控制软件严禁进行任何形式的修改和删除操作。

实验四 可燃气体燃爆事故仿真模拟实验

一、实验目的

通过应用计算机仿真可燃气体的燃爆事故实验,使学生掌握甲烷、乙醇等十三种易燃爆气体的燃爆特性和其燃爆发生过程,观测其燃爆现象;模拟测量可燃气体的燃爆极限,理解其上下极限的意义;模拟其事故应急预案程序以及采取的措施,使学生对可燃气体的燃爆现象、爆炸极限和应急救援有一个全面和深入的认识,并理解爆炸极限上下限的意义。

二、实验原理

通过系统对可燃气体燃爆特性讲解,了解各种可燃气体的燃爆特性;通过事故仿真模拟装置计算机操作和手动控制模拟演示可燃气体的燃爆过程得到各种气体的燃爆极限模拟参数以及爆炸的现象;通过模拟爆炸事故发生后启动紧急救援预案的全部程序和过程,了解整个事故应急救援的过程。

三、实验仪器

事故仿真控制装置,电脑,控制软件,显示面板,音响,电源($U=220$ V,$f=50$ Hz)。

四、实验步骤

1. 系统的连线和调试:将计算机、显示面板、控制装置和电源等设备按要求连接起来,注意各种数据线的连接次序和正确的插入方法,不要将数据插头的插口和针弄坏,连线时不可接通电源;检查线路的连接是否正常,若正常,则连接电源,首先连通电脑和控制系统,然后打开显示面板的电源,观察显示面板的显示是否正常,并对其显示进行调试。

2. 系统启动:调试 5 min 后,在程序菜单中选择"湖南模型",单击"湖南模型"进入主界面,事故仿真模拟装置。单击左上角"介绍"按钮,系统进入前言介绍,中途可单击"停止"按钮中断介绍进程。

3. 计算机控制系统演示步骤如下。

(1) 在演示之前,再次检查各设备之间连接线是否正常,一切正常后,方可进行下一步操作。

(2) 首先打开事故仿真模拟计算机控制箱电源开关,待模拟盘上系统显示正常后启动计算机,双击桌面上的"湖南模型"打开系统主界面。

(3) 项目演示:主界面上共有十三个演示项目,当需要介绍某事故项目时,用鼠标单击该项目图片进入项目主界面,进入这个主界面后,可看到四个按钮,单击"介绍"按钮,计算机可对该项目进行介绍。介绍结束后,计算机向模拟盘发出事故演示指令,模拟盘对应项目进入事故演示状态,项目参数从小到大逐渐变化。当计算机发出事故仿真指令,模拟事故发生同时向指挥中心、消防、急救、公安发出灾情救援信号,注意观察实验的各种现象,并且做好实验记录。演示结束后,可单击"返回"按钮,返回主界面,进行下一个项目演示。如果结束演示,可单击"退出"按钮,退出系统。

4. 事故仿真模拟手动操作系统。

(1) 在不使用计算机的情况下,该系统配置有手动控制系统。

(2) 打开控制箱电源开关,按下需要演示的项目按钮,计算机将对该项目进行自动解说。解说结束后,向模拟盘上的计算机发出事故仿真模拟指令,模拟盘上的计算机将按照预定程序进行模拟演示。当参数达到危险极限时,模拟事故发生的同时向指挥中心、消防、急救、公安发出救援信号。演示结束后,将"开关"按钮弹起。在每次演示前,确保所有项目开关处于弹起状态。

5. 实验结束后,先关闭相关的控制程序,然后按照显示面板—控制装置—电脑和音响的顺序关闭电源,并切断电源;最后将数据传送线和接口、控制设备和电脑用防尘布盖好。

五、实验结果及讨论

1. 实验数据记录表如表4.1所示。

表 4.1 实验数据记录表

序号	物质名称	实验现象			极限	
		音声	光电	应急程序	下限	上限
1						
2						
3						
4						
5						
6						
7						
8						
9						
10						
11						
12						
13						

2. 为何有些物质导致事故发生时只有下限而没有上限?

六、注意事项

1. 电源应良好接地,注意安全用电。
2. 数据接口要按规定接入,严禁乱接乱插。
3. 实验过程中,操作步骤的先后顺序严禁颠倒,否则会引起系统出错。
4. 实验控制软件严禁进行任何形式的修改和删除操作。
5. 物质极限值的单位,有些是体积单位,有些是密度单位。

实验五　闭口杯闪点测定

一、实验目的

通过该实验,可测得被测可燃液体的闪点;掌握可燃液体闪点的测定方法和闭口闪点测定仪的使用方法;深入认识可燃液体的闪点特性,强化对闪燃这一燃烧现象的认识。

二、实验原理

被测样品在密闭的油缸中加热,样品受热蒸发,产生试油蒸气。该试油蒸气与周围的空气形成混合气体,该气体在与火焰接触时产生一闪即灭(5 s)的闪火现象,此时该试油蒸气的最低温度,即为该被测样品的闭口杯法闪点。

三、实验仪器

BS-1 闭口阀点实验仪,电源($U=220$ V,$f=50$ Hz),插座(三相)和导线,传动软轴一根,乳胶管一根,罐装煤气,软管,温度计(−30～170 ℃)一支、温度计(100～300 ℃)一支,被测样品:石油产品。

四、实验步骤

1. 连线:将煤气、传动软轴、乳胶管与闭口闪点仪连接好后,将温度计分别插好。
2. 取少量的被测样品置于油杯(50 mL 左右)中,盖好油杯盖。
3. 插上电源,开启电炉,对样品进行加热升温。
4. 立即启动电机,对样品进行搅拌,使之受热均匀。
5. 调节"调压"旋钮控制电炉的加热功率,同时观察温度计,控制温升率为 1～2 ℃/s。
6. 当温度升高到离预计的闪点低 5 ℃时,温度每升高 0.5 ℃,观察温度表一次。
7. 打开煤气,通放煤气,点燃引火器,将火焰调整为标准形状(4 mm 的火焰直径)。
8. 扭转旋手,使滑板转动,露出油杯盖孔口,操作引火器向下摆动,伸向油杯点火孔内进行点火实验,反复操作,直到发生闪燃现象,记下此时温度计的最低读数(即闪点),填入实验记录表。
9. 重复以上的操作四次,将测得结果记录填入记录表格。
10. 实验结束时,先关闭煤气,然后取出未用完的样品保存,最后拆除其他连接,整理仪器。

五、实验结果及讨论

1. 实验数据记录表如表 5.1 所示。

表 5.1　实验数据记录表

次数	1	2	3	4	5
温度					

2. 为何要对某一油品进行多次测定而最终确定其闪点值？

3. 闭口杯闪点测定的油品一般会选择可燃液体分级中的第 2 级，即理论闪点值大于 120 ℃ 的油品，为什么？

六、注意事项

1. 电源应良好接地，以确保用电安全。
2. 实验仪器不使用时，应将加热开关及搅拌开关同时切断。
3. 备用油杯不加热时，可安放在油杯座内，不使翻倒磕伤。
4. 本实验仪器适用于闭口闪点温度为 280 ℃ 以下的油品实验。

实验六　复合气体检测报警实验

一、实验目的

1. 用于生产过程中使用和产生的可燃、易燃等有害气体的测定。
2. 储罐区和危险化学品等有害气体的测定。
3. 容器和管道的检漏。
4. 检测一个系统(车间)空气中氧气的含量,防止窒息。

二、实验原理

1. 报警仪内自带抽气泵可将被检测气体通过吸气连杆吸入仪器内进行检测,它可以同时检测空气中的氧气或可燃性气体浓度。当气体浓度达到报警设定值时,报警仪能够发出声光报警信号,提醒有关技术人员及时采取预防措施,避免恶性火灾及爆炸事故的发生。

2. 氧气检测采用的传感器运用了伽伐尼电池原理,其构造是在原电池内装置了阳极和阴极,以薄膜同外部隔开,被检测气体透过此薄膜到达阴极,发生氧化还原反应。传感器此时有一输出电压,此电压与氧气浓度成正比关系,这个电压信号经放大后,送至模/数转换电路,将模拟量转换成数字量,由液晶显示屏显示出氧气在空气中的体积百分比含量(VOL%)。

三、实验仪器

实验采用 SP-112 型便携式复合气体检测报警仪(以下简称报警仪)。

(一) 基本特点

1. 技术性能与参数。

检测气体:检测空气中的氧气及可燃性气体;
检测方式:采吸式;
检测范围:氧气 0~25 VOL%(体积百分比),
　　　　　可燃性气体 0~100% LEL(爆炸下限);
检测原理:氧气检测为伽伐尼电池原理,燃性气体检测为接触式原理。

三位半液晶数字显示器显示测量值(可固定与某一路或自动交替显示),气体状态灯指示所测气体的种类。

2. 检测误差:氧气 0.7 VOL%;
　　　　　可燃性气体 0~25 %LEL 时不大于±2.5%LEL,
　　　　　　　　　　25~100 %LEL 时不大于 5%LEL。
3. 报警设定值:氧气 18.0 VOL%(5.0~21.0 VOL%可调);
　　　　　　　可燃性气体 25%LEL(5~50 %LEL 可调)。

4. 报警误差:氧气 0.5 VOL%;

　　　　　　可燃性气体±5 %LEL。

5. 报警方式:蜂鸣器断续声音和 12 色报警指示灯闪烁,同时,该路气体状态指示灯由常亮转为闪烁。

6. 响应时间:30 s。

7. 电源欠压指示:液晶显示窗口左上角显示"符号"并自动关闭抽气泵电源。

8. 传感器寿命:氧气为 12 个月,可燃性气体为 3 年。

(二)操作方法

1. 开启电源:先将吸气连杆与进气口连接好,然后闭合电源开关,抽气泵启动工作,同时液晶显示器显示窗口有数字显示,绿色电源指示灯亮。气体状态指示灯自动交替或固定于某一路点亮(视转换开关位置),预热 5 min。

2. 检查电源开关:电源接通后或在仪器工作过程中,液晶显示屏显示"符号",说明电源电压已不足,应立即关机进行充电。

3. 测量基准调整:测量开始之前应进行以下调整。

(1) 氧气基准点的调整:在新鲜空气中,将转换开关拨到"上"端,同时该路气体状态指示灯点亮(常亮)。用随机配备的小螺丝刀调整氧气增益电位器,使液晶屏显示值为"20.9"。

(2) 可燃性气体零点的调整:在新鲜空气中,将转换开关拨到"下"端,同时该路气体状态指示灯点亮(常亮)。用随机配备的小螺丝刀调整氧气增益电位器,使液晶屏显示值为"000"。

4. 报警点的设定,报警仪的报警点在出厂时均被设定为:

氧气 18.0 VOL%(5.0~21.0 VOL%可调);

可燃性气体 25 %LEL(5~50 LEL%可调)。

四、实验步骤

通过对转换开关位置的设定,可以实现不同的测量方式:将转换开关拨到"上"端,只显示氧气的测量值;将转换开关拨到"下"端,只显示可燃性气体的测量值;将转换开关拨到"中间"端,交替显示氧气及可燃性气体的测量值(无论转换开关处于何位置,两路传感器及放大电路均处于工作状态)。测量时,将报警仪的吸气连杆进气口伸到被测地点,就可以进行测量。

注意:

切忌将脏物或液体吸入仪器内;测量完毕后,关闭电源。

五、实验结果及讨论

1. 氧气报警值为 18.0 VOL%,可燃性气体报警值为 25 %LEL。

2. 如何保养报警仪?

六、注意事项

1. 传感器测量次数太多,会有残存可燃性气体,应及时用标准气袋冲洗。
2. 仪器不要接触到灰尘等物质,以免堵塞测量通道。
3. 若仪器未调零,将会影响数据真实性。
4. 显示数据变化较快时,若注意力不集中,易误读数据。

实验七　电梯运行与故障排查实验

一、实验目的

熟悉电梯的结构,掌握电梯控制的原理,熟练掌握电梯控制的电气控制原理图的识读。

二、实验原理

本教学电梯是一种由乘客自己操作的自动电梯。电梯在底层和顶层分别设有一个向上或向下召唤按钮,而在其他各层站分别设有上、下召唤按钮。轿厢操纵盒安装在电梯底座外部(便于实际演示中操作),设有与层站数相等的相应指令按钮。当进入轿厢的乘客按下指令按钮时,指令信号被登记;当等待在厅门外的乘客按下召唤按钮时,召唤信号被登记。电梯在向上运行的过程中按登记的指令信号和向上召唤信号逐一停靠,直至信号登记的最高层站,然后又反向向下运行,顺次响应向下指令信号及向下召唤信号予以停靠。每次停靠时,电梯自动减速、平层、开门。当乘客进出轿厢完毕后,又自行关门启动,直至完成最后一项工作。如有信号再出现,则电梯根据信号位置选择方向自行启动运行;若无工作指令,则轿厢停留在最后停靠的层楼。

三、实验仪器

教学电梯模型:四层电梯仿真模型。

四、实验步骤

1. 熟悉电梯的结构及电梯的安全装置,如图 7.1～图 7.3 所示。
2. 掌握教学电梯控制原理:包括电梯自动开关门,电梯的启动、加速和满速运行,电梯的停站、减速和平层,电梯停站信号的发生以及信号的登记和消除,电梯行驶方向的保持和改变,音响信号及指示灯,电梯的安全保护,电梯轿厢内照明及排风,电梯的紧急停车。

五、实验结果及讨论

1. 电梯有哪些限位装置?

2. 电梯门开启的安全装置及作用是什么?

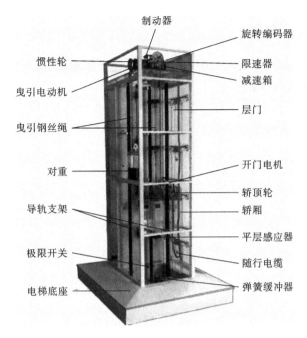

图 7.1 电梯模型图

图 7.2 有齿轮曳引机构图

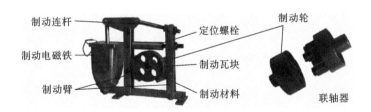

图 7.3 电磁制动器、联轴器

3. 电梯平层是用什么来控制的?

六、实验注意事项

已经做完实验的同学,应及时关闭仪器电源并进行整理,填写好实验仪器使用登记本,在规定的时间内上交实验报告。

实验八 电梯限速器测试实验(制动器实验)

一、实验目的

制动器是保证起重运输机械中各工作机构安全、正常工作的重要部件,其工作原理是利用摩擦消耗机构运动的动能以达到停止、调速、支持的作用。学生通过亲自动手对实物的操作和实验,了解并掌握制动器的结构特点、工作原理及调试方法。

二、实验原理

制动器的工作原理是:当机构断电停止工作时,制动器的驱动装置——推动器也同时断电(或延时断电),停止驱动(推力消除),这时,制动弹簧的弹簧力通过两侧制动臂传递到制动瓦块(或夹钳)上,使制动覆面产生规定的压力,并建立规定的制动力矩,起到制动作用;当机构通电驱动时,制动器的推动器也同时通电驱动并迅速产生足够的推力推起推杆,迫使制动弹簧进一步压缩,制动臂向两侧外张,使制动瓦块(或夹钳)脱离制动轮,消除制动覆面的压力和制动力矩,停止制动作用。

块式制动器是利用制动瓦块与制动轮间的摩擦达到制动的目的,其结构如图 8.1 所示。盘式制动器是利用制动夹钳与制动盘间的摩擦达到制动的目的,其结构如图 8.2 所示。

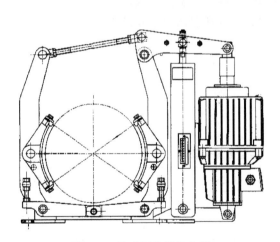 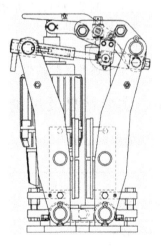

图 8.1 块式制动器结构图　　图 8.2 制动器制动结构图

三、实验仪器

制动器实验台共三套,每套均含以下部件:
(1) Y132M-8 电机;
(2) YW25-20/22HR 块式制动器;
(3) YP11-220-250×20 盘式制动器;
(4) TQ66 扭矩传感器;

(5)温度传感器;

(6)S×48 智能测量计;

(7)制动器操纵台。

四、实验步骤

1. 实验内容。

在制动器实验台上,通过实际操作:

(1)了解块式制动器和盘式制动器的结构特点、工作原理和动作过程;

(2)掌握块式制动器和盘式制动器的调整和测试方法;

(3)通过改变飞轮矩,测量不同的制动力矩和制动时间,并与计算结果进行比较。

2. 实验步骤。

(1)系统通电完成后,文本显示器无报警灯闪动及报警声,各仪表数据显示正常,即可开机实验。

(2)手动选择盘式制动器或块式制动器。需要特别注意的是,实验时只能选择其中一个作为实验对象,绝不能同时制动两个制动器。

(3)调整好选中的制动器、制动力矩(注意不能超过 100 N·m),配好飞轮(装配飞轮时,注意扭紧螺丝)。

(4)按下"启动"按钮,电机启动。当观察转速或文本显示器达到设定速度,稳定一段时间,按下"停机"按钮。

(5)记录下制动力矩、制动时间、电机转速、制动器温度等数据。

(6)选择另一制动器,将前面已做过实验的制动器调到常开模式。

(7)重复步骤3、步骤4、步骤5。

(8)记录上述各实验结果。

五、实验结果及讨论

1. 实验数据记录表如表 8.1 所示。

表 8.1 实验数据记录表

测量内容 \ 实验次数	盘式制动器			块式制动器		
	1	2	3	1	2	3
电机转速 $n/(r/min)$						
制动时间 t/s						
制动力矩 $M/(N·m)$						
力矩调整刻度						
飞轮数量						

2. 制动器在使用中需要做哪些调整?为什么?

3. 实验中,飞轮的作用是什么?请考虑能否用其他的方式来取代其这一作用?

4. 试分析块式制动器和盘式制动器的异同点。

六、实验注意事项

已经做完实验的同学,应及时关闭仪器电源并进行整理,填写好实验仪器使用登记本,在规定的时间内上交实验报告。

实验九　霍尔传感器大电流测量

一、实验目的

综合运用所学知识,在理解霍尔效应的基础上,掌握霍尔传感器应用实验仪的基本操作方法,并通过连接电路,测试电流变化下电压变化情况;培养学生设计实验、应用测试仪器和分析处理实验结果的能力。

二、实验原理

霍尔效应是电磁学中的一个重要实验,其应用日益广泛。根据霍尔效应原理制成的霍尔传感器具有传感精度高、线性度好、温漂小、输入与输出高度隔离等优点,在自动检测、自动控制和信息技术等方面得到广泛应用。触发元件为永磁材料,无须电源,其动作可以是磁性体的移动、强度变化或铁磁物体的位置变化。霍尔传感器具有抗拒环境污染能力,适宜于要求严格的工作条件,能发挥高灵敏度、可靠性及可重复性的性能,能在不清洁及完全黑暗的环境中准确地运行。霍尔传感器不仅可以测量直流电路或交流电路产生的磁场,而且可以简单、可靠地将非电量检测转化成电信号,用于位置、位移、计数、转速测量和工业控制。

大电流测量用多匝线圈模拟单根大电流导线通过圆环,大电流周围产生磁场,通过测量磁场强度换算成相应的电流。圆环的电流/磁场强度关系一经标定,即可测量通过圆环导线的电流大小,如图9.1所示。

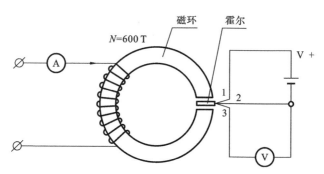

图 9.1　大电流测量工作原理示意图

三、实验仪器

霍尔传感器应用实验仪一台,大电流测量实例板。

四、实验步骤

1. 断开电源,连接霍尔应用实例板和霍尔传感器应用实验仪。

2. 实例板右边的红接线柱接电源"V+"接线柱。

3. 实例板右边的黑接线柱接"GND"接线柱。

4. 实例板右边的黄接线柱接四位半数字电压表输入红接线柱。

5. 电源"GND"接线柱接四位半数字电压表输入红接线柱。

6. 实例板左边的红接线柱接霍尔传感器应用实验仪左边的恒流输出红接线柱。

7. 实例板左边的黑接线柱接霍尔传感器应用实验仪左边的恒流输出黑接线柱。

8. 开通实验仪电源,调节恒流输出为 0;调节电源输出电压,使数字电压表显示为 2.5 V。

9. 调节恒流输出为 0 mA、100 mA、200 mA、300 mA、400 mA、500 mA、400 mA、300 mA、200 mA、1000 mA,记录电压表读数,作 V_{H_1}-I 总图。

10. 改变电流输入方向,调节恒流输出 0 mA、100 mA、200 mA、300 mA、400 mA、500 mA、400 mA、300 mA、200 mA、100 mA、0 mA,记录电压表读数,作 V_{H_2}-I_M 图,比较两曲线不同方向磁化从而组成磁滞回线。

五、实验结果及讨论

1. 测量实验数据时,要求记录每次测量结果于表 9.1、表 9.2。

表 9.1　正向电流电压值记录

I_M/mA						
$I_总$/mA						
V_1/V						
V_{H_1}/V						

表 9.2　反向电流电压值记录

I_M/mA						
$I_总$/mA						
V_2/V						
V_{H_2}/V						

2. 探讨正向与反向的区别。

3. 认真撰写实验报告,作出曲线。

六、实验注意事项

1. 绝对不能在有电压输出的情况下,连接或拆卸被测物体时,防止被电击。
2. 不要在高温、潮湿、多尘的环境下工作或存放仪器。
3. 万一发生任何问题,请立即关闭输入电源。

实验十 环境安全指数测试

一、实验目的

学会使用紫外辐照计、WBGT 指数仪、多用途辐射测量仪等仪器,对环境安全指数进行监测。

二、基本原理

1. 利用辐照计进行太阳隔热膜、隔热玻璃等对紫外线的阻隔性能测试,对紫外线源(太阳,紫外灯等)的辐射强度进行测量。测量紫外线源的紫外强度时,探测器方向正对紫外线源,按下"POWER"键,开启仪器,选择合适的测试量程即可。

2. WBGT 测试仪的设计紧凑牢固,符合人体工学原理,根据 ISO 7243 标准应用于监测热工作环境中热应力对人体的可能影响。它是能够实时图像显示的第一款热应力测试仪,同时还具有可听/可视报警功能,这样可以允许操作员在需要时迅速做出决定。

暴露在热工作环境中的工作人员,当其身体核心体温升高到危险或危害的程度时,很容易受到热应力的影响,这样可能会导致生理上出现各种症状,如热痉挛、恶心、心悸、中风甚至可能造成死亡。使用湿球黑球温度指数(WBGT)可以对身体上的总体热应力水平进行估计。这种估计组合了对三种参数的测量:自然湿球温度(tnw)、黑球温度(tg)和空气温度(ta),并应用于以下公式分别对室内和室外环境进行计算:

$$WBGT(室内) = 0.7tnw + 0.3tg$$
$$WBGT(室外) = 0.7tnw + 0.2tg + 0.1ta$$

对比这些采集到的数据与参考值(如标准和适合的"作息"制度所定义的值),然后应用于工作场所或进行详细的医疗分析。

3. 多用途辐射测量仪是小的手持式微处理器控制的高灵敏度低水平能检测 X 射线、γ射线、α射线、β射线,直接读出射线水平,另外还有可调整的定时器和外部校准键。该测量仪采用一支盖革-弥勒计数管来测定 α 射线、β 射线、γ 射线及 X 射线辐射,数字显示。

三、实验仪器

紫外辐照计,WBGT 指数仪,多用途辐射测量仪。

四、实验步骤

1. 测量太阳光到达地面的紫外线辐射强度。

第一步:测量太阳紫外线的辐射能功率密度 UV_1W。

第二步:测量被太阳膜阻隔后的紫外源的辐射强度:以窗户玻璃作为阻隔物,被测物需紧贴仪器的测量端面,以免受外界光的影响。记下有太阳时,紫外线的辐射能功率密度 UV_2W。

玻璃的紫外线阻隔率 $= \dfrac{UV_1W - UV_2W}{UV_1W} \times 100\%$

2. 热力指数测量。

分别记录室内和室外 ta、tg、相对湿度和热力指数，通过计算求得湿球温度。对照表 10.1、表 10.2 得出热度暴露限制值和热力指数活动建议。

表 10.1　热度暴露限制值

工作/休息	低	中	高
持续工作	30°	26.7°	25°
75%工作,25%休息	30.6°	28°	25.9°
50%工作,50%休息	31.4°	29.4°	27.9°
25%工作,75%休息	32.2°	31.1°	30°

表 10.2　热力指数活动建议

热力指数	标志	活动建议
<26.7°	白色	正常活动,保持注意即可
26.7°～29.4°	绿色	测试激烈运动时要谨慎
29.4°～31°	黄色	对气候敏感不适应者要避免激烈运动
31°～32.2°	红色	无 12 周以上训练者应避免在此温度下活动,并应提高警惕
>32.2°	黑色	取消所有户外活动

3. 射线测量。

学习使用射线测量仪,掌握所测数据代表的含义。

五、实验结果及讨论

1. 测量实验数据时,要求记录每次测量结果。

2. 计算玻璃的紫外阻隔率。

3. 根据所得数据计算自然湿球温度。

4. 认真撰写实验报告。

六、注意事项

认真听讲,按照老师要求进行测量,并进行结果计算,得出实验结果。

实验十一 钢丝绳电脑探伤实验

一、实验目的

通过该实验,了解钢丝绳电脑探伤原理,掌握探伤仪的使用方法,掌握探伤仪连接方式及使用步骤。

二、实验原理

E17 钢丝绳探伤仪系统采用《铁磁性钢丝绳电磁检测方法》(GB/T 21837—2008)中规定的永磁类和漏磁类仪器的检测原理,同时满足《无损检测仪器——钢丝绳电磁检测仪技术条件》(GB/T 226832—2011)中规定的检测结果和实验方法。传感硬件采用高磁积能稀土钕铁硼永久磁钢进行圆形环绕排列,当钢丝绳轴向通过时,即能瞬间轴向深度磁化钢丝绳,并达到饱和状态;同时采用阵列式霍尔元件分布于聚磁构件之中,当钢丝绳的局部损伤(不连续缺陷,如断丝、跳丝、变形等)、金属横截面积变化(连续缺陷,磨损、锈蚀等)等缺陷同步产生向外扩散的漏磁场和磁通量变化,向空间扩散的信号经集聚,由霍尔元件感应输出信号量,通过自行研发的高性能微处理器模数转换后,将压缩数字信号输入计算机;经由 E17 专用检测评估软件实时解压处理,以定性、定量、定位的数值显示钢丝绳内外断丝、锈蚀、磨损、金属截面积变化,按现行标准提出钢丝绳安全性和使用寿命的诊断评估。系统结构如图 11.1 所示。

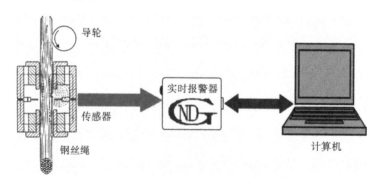

图 11.1 系统结构图

三、实验仪器

E17 钢丝绳探伤仪。

四、实验步骤

本实验主要是将磁传感主机、实时报警器与电计算机之间连接起来。磁传感主机与实时报警器之前采用专用的双层屏蔽信号传输线连接（三拖一式、二拖一式、三拖三式），将多插头端分别对应地插在传感主机上，另一端插在实时报警器上（制造时采用防止插错的方法，每个不同类别的航空插头对应插接，相同类别的可以互换，所以只要对应插入，一定不会插错）。在电脑与实时报警器的连接方法，就是网线直联，平行与交叉的均可使用（如果选用无线连接的就不用网线），安装好实时报警器上的无线发射天线，打开电脑中的无线功能，同时让两者之间进行认证连接即可。

1. 检测位置的选择。一次安全检测是一项十分重要的第一步，选择好的安装位置将直接影响到此次检测顺利进行。检测位的选择应择时择地，通过对在役钢丝绳详细、周密的观察，在确定安全保障的情况进行适当选择。

2. 安装位置的选择。

（1）应将传感器安装在钢丝绳摆动最小的位置，安装要具有一定的柔性，通常采用悬浮式固定，以避免钢丝绳在探头中晃动。

（2）只有通过传感器部分的钢丝绳才能被检测到，应选择尽量可以检测到较为全面的检测点。

（3）应远离热源、强磁源以及其他干扰磁场的地点。

（4）检测位置可以选择在钢丝绳日常检修处。

（5）需要注意的是，检测位置要留有一定的操作空间，以保证人员和设备的安全。检测位置一定的情况下，检测仪器的稳定性主要由检测人员来实现。架空检测时，检测人员必须系上安全带，并对检测仪器采用必要的软连接方式（如采用尼龙绳，安全带等）。由操作者手扶时，受测钢丝绳移动速度应以小于 0.5 m/s 为佳（建议检测速度不可超过 3 m/s）。

3. 检测位置的标记。

检测过程中，应做好检测所需的标记，在有些设备无法一次全部检测到位的情况下，可以做到分段检测（多点检测法），尽可能地做到完全检测，不留盲区，如检测起始标记、区域段标记等。

4. 传感器的安装方法。

在役钢丝绳仪器的安装采用静态安装法，即在未开机的状态下，将传感器安装在检测方案确定的检测起始标记处，在设备带动钢丝绳运作的同时，对钢丝绳段进行检测的一种方法。

五、实验结果及讨论

1. 学习钢丝绳的检测方法，并检测钢丝绳伤痕部位。

2. 探讨如何在检测过程中保持稳定性。

六、实验注意事项

1. 安装时,应使仪器处于相对稳定的状态。
2. 不影响设备的正常运转。
3. 使用必要的软连接,对检测仪器进行安全保护。
4. 正确选择钢丝绳运行方向。

实验十二　起重机吊索具探伤实验

一、实验目的

通过该实验,了解起重机吊索具探伤的基本原理,掌握探伤仪的使用方法,掌握探伤仪连接方式以及使用步骤,掌握两种不同形状探头的适用条件。

二、实验原理

磁粉探伤利用工件缺陷处的漏磁场与磁粉的相互作用。它利用钢铁制品表面和近表面缺陷(如裂纹、夹渣、发纹等)磁导率和钢铁磁导率的差异,这些材料磁化后其不连续处的磁场将发生畸变,形成部分磁通泄漏处。工件表面产生漏磁场,从而吸引磁粉形成缺陷处的磁粉堆积——磁痕,在适当的光照条件下,显现出缺陷位置和形状,对这些磁粉的堆积加以观察和解释,就可以实现磁粉探伤。该仪器是采用涡流探伤方法,自动充磁、退磁。被测工作没有剩磁时,其表面不需要处理。本仪器配有弱、中、强三挡调整开关和两种探头,可根据被检查部件自行选用。

三、实验仪器

CTS-4型起重机械吊索具探伤仪一台,交流电源线一条,保险丝两个,环形探头一个、马蹄形一个,磁粉一包,0~300 mm电子数显卡尺一个。

四、实验步骤

将待测物体置于强磁场中或通以大电流使之磁化,若物体表面或表面附近有缺陷(裂纹、折叠、夹杂物等)存在,由于它们是非铁磁性的,对磁力线通过的阻力很大,磁力线在这些缺陷附近会产生漏磁。当将导磁性良好的磁粉(通常为磁性氧化铁粉)施加在物体上时,缺陷附近的漏磁场就会吸住磁粉,堆集形成可见的磁粉痕迹,从而把缺陷显示出来。

第一步:预清洗。所有材料和试件的表面应无油脂及其他可能影响磁粉正常分布,影响磁粉堆积物的密集度、特性以及清晰度的杂质。

第二步:缺陷的探伤。磁粉探伤应以确保满意地测出任何方面的有害缺陷为准,使磁力线在切实可行的范围内横穿过可能存在于试件内的任何缺陷。

第三步:探伤方法的选择。

(1) 湿法:磁悬液应采用软管浇淋法或浸渍法施加于试件,使整个被检表面完全被覆盖,磁化电流应保持0.2~0.5 s,此后切断磁化电流,采用软管浇淋法或浸渍法施加磁悬液。

(2) 干法:磁粉应直接喷或撒在被检区域,并除去过量的磁粉,轻轻地震动试件,使其获得较为均匀的磁粉分布。应注意避免使用过量的磁粉,不然会影响缺陷的有效显示。

(3) 检测近表面缺陷:检测近表面缺陷时,应采用湿粉连续法,因为非金属夹杂物引起的漏磁通值最小;检测大型铸件或焊接件中近表面缺陷时,可采用干粉连续法。

（4）周向磁化：在检测任何圆筒形试件的内表面缺陷时，都应采用中心导体法；试件与中心导体之间应有间隙，避免彼此直接接触。当电流直接通过试件时，应注意防止在电接触面处烧伤，所有接触面都应是清洁的。

（5）纵向磁化：用螺线圈磁化试件时，为了得到充分磁化，试件应放在螺线圈内的适当位置上。螺线圈的尺寸应足以容纳试件。

第四步：退磁。将零件放置于直流电磁场中，不断改变电流方向并逐渐将电流降至零值。大型零件可使用移动式电磁铁或电磁线圈分区退磁。

第五步：后清洗。在检验并退磁后，应把试件上所有的磁粉清洗干净；应该注意彻底清除孔和空腔内的所有堵塞物。

五、实验结果及讨论

1. 学习和使用吊索探伤实验方法，并探讨磁粉探伤的原理。

2. 探讨如何更准确寻找机械伤痕。

六、注意事项

在老师要求下做好磁粉探伤实验；在未准备就绪的情况下，不得打开电源开关。

实验十三 Y形连接电路中中性线的作用

一、实验目的

通过中性线可否断开实验的演示,验证中性线的作用。

二、实验原理

中性线能保证三相负载成为三个互不影响的独立回路;不论各相负载是否平衡,各相负载均可承受对称的相电压;不论哪一相发生故障,都可保证其他两相正常工作。

三、实验仪器

木板一块,灯座六个,40 W、60 W 的灯泡各六个,刀闸开关一个,按钮开关两个,磁鎏式熔断器两个,红、黄、蓝三色铜线若干,熔丝若干,电笔一个,剥线钳一个。

四、实验步骤

根据验证中性线作用的原理图 13.1 连接电路,三相四线制中,每相线分别用红、绿、黄三色中的一种,红色相 L_1 中并联有 1、2 两灯泡,且开关 A 控制灯泡 1,开关 B 控制灯泡 2;绿色相 L_2 中并联有 3、4 两灯泡,且有总开关 E 控制;黄色相 L_3 中并联有 5、6 两灯泡,且开关 C 控制灯泡 5,开关 D 控制灯泡 6,三相正常状态下对称布置。另从中心点处引出一根中性线(零线),且上面布置了单相刀闸开关 S,从而四根线通过三相四线插头整合起来。

1. 先将灯座、开关、熔断器等固定在木板上。
2. 连接电路,并进行相应的更正和安全检查。
3. 进行验证,分有中性线和无中性线两种情况进行操作。

(1) 当中性线 S 闭合时:
① 负载对称时,灯泡亮度一样;

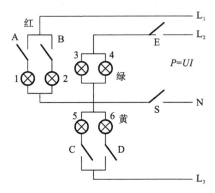

图 13.1 验证中性线作用原理图

② 负载不对称时,如断掉 L_1 相,并在 L_3 上打开开关 C,则看到灯泡亮度也是一样。

(2) 当中性线 S 断开时:
① 三相负载全部对称,灯泡亮度一样;
② 三相负载不对称时(N 线上有电压):
A. 断掉其中一相,则其余两相均变暗;
B. 断掉其中一相,另两相负载不平衡,则电阻大的一相的负载亮度大;
C. 三相断两相,则第三相上无电,但用电笔测试时,N 线上一端有 220 V 电压,刀闸开关另一端无电压,这时很危险。

五、实验结果及讨论

1. 中性线闭合与断开的结论。

2. 当中性线 S 闭合时,分析现象产生的原因。

3. 当中性线 S 断开时,分析现象产生的原因。

六、注意事项

1. 注意检查线路连接情况,确保整个电路处于连通状态。
2. 裸露的电线,一定要用电工胶布包扎好,确保安全。
3. 当刀闸开关打开时,一定注意不能用手去碰触。
4. 实验结束后,要及时关闭电源。

实验十四　三相异步电动机直接启动及正反转控制

一、实验目的

1. 学习使用交流法,判定异步电动机定子三相绕组首飞末端。
2. 学习异步电动机绕组的星形及三角形接法,测定异步电动机的启动电流。
3. 了解异步电动机控制线路中自锁、互锁的作用。
4. 掌握异步电动机正、反转的原理,熟悉接线操作。

二、实验原理

1. 交流法判定异步电动机三相绕组首飞末端的原理,基于电磁感应定律。三相绕组的任两相串联通入单相交流电,若串联的两绕组首端与首端相连,则不会在第三相绕组中感应电动势;若串联的两绕组首端与末端相接,则会在第三相中感应出电动势。
2. 三相异步电动机的转动方向,取决于旋转磁场的转动方向。改变通入三相绕组中电流的相序,可以改变旋转磁场的方向,从而改变电动机的转动方向。
3. 对于小容量电动机来说,通常用热继电器进行过载保护,用熔断器进行短路保护。

三、实验仪器

三相异步电动机(0.75 kW),按钮、交流接触器、热继电器、熔断器,交流电流表,交流电压表,兆欧表。

四、实验步骤

1. 观察电动机的铭牌及接线板。
2. 认识按钮、交流接触器、热继电器、熔断器等元器件。
3. 用兆欧表摇测电动机的绝缘电阻。
4. 按图 14.1 接线。

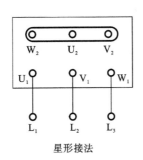
星形接法

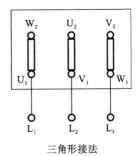
三角形接法

图 14.1　电机接线盒示意图

(1) 先接成星形,在 220 V 电压下启动,测出启动电流值;然后再接成三角形,再测出启动电流值。

(2) 按下"正转"按钮后,观察电动机的启动情况;按下"反转"按钮,观察电动机的转动有何变化。

5. 正、反转的控制电路如图 14.2 所示。

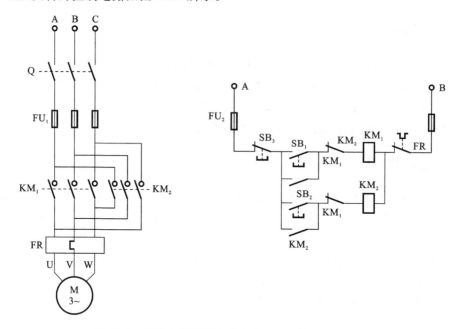

图 14.2 用两个接触器实现电动机正反转的控制电路

五、实验结果及讨论

1. 列出所用仪器的型号和规格。

2. 绘图说明,判别定子绕组首末端的原理。

3. 自拟表格汇总本次实验的数据结果。

六、注意事项

1. 由于启动时间很短暂,测量时应 1 人操作,1 人读表,并多操作几次,而每次应等电动机完全停止后再进行操作。为防止损坏电动机,操作次数也不宜过于频繁。

2. 由于电动机启动电流为额定值的 4~7 倍,故电流表的量程一定要合适。

3. 电动机按钮及电源线必须经过接线端子引入,不得有中间接头。在接通电源前,必须经指导老师检查同意。

实验十五　锅炉压力容器结构讲解

一、实验目的

1. 掌握各种锅炉的主体结构和功能,重点掌握尾部烟道的组成和作用。
2. 掌握压力容器的组成和功能。
3. 了解各种锅炉和压力容器的安全附件。

二、实验原理

1. 锅炉按照燃烧性质分为煤炉和油炉。
2. 各种安全附件是它们能够正常工作的前提。
3. 工作流程是整个锅炉和压力容器的重点,并比较相互之间的异同。

三、实验仪器

各种锅炉模型和压力容器模型。

四、实验步骤

（一）立式锅壳锅炉

1. 下脚圈:锅壳与炉胆相连接的部位,即盛水夹套的底部。其特点为:受力情况比较复杂,容易沉积水渣,严重时会影响炉胆下部的正常运行;外部接近地面,容易受腐蚀,因而是立式锅壳锅炉的一个薄弱环节。

2. 分类:包括立式直水管锅炉和立式弯水管锅炉。

3. 特点:这种锅炉结构紧凑,整装出厂,运输方便,占地面积小,便于使用管理;其蒸发量一般在 1 t/h 以下,蒸汽压力一般在 1.25 MPa 以下,燃烧室容积小,周围被水浸泡,水冷程度大,烟温度高,热效率底,约为 60%~70%。

（二）卧式锅壳锅炉

1. 特点:锅壳是卧置的,具有结构紧凑、操作方便、水位气压较稳定、对水质要求较低等优点,其蒸发量比立式锅壳锅炉大,蒸发量一般不超过 4 t/h,蒸汽压力不超过 1.25 MPa。

2. 卧式内燃回火管锅炉。

（1）炉胆:一种和锅壳等长,炉胆后部没有烟管;另一种长度短于锅壳,炉胆后部有短烟管。

（2）拉撑:是一种膨胀补偿结构,位于两管板与锅壳之间的管板上部无管区。

（3）炉排:平置于炉胆前部,普遍采用链条炉排。

（4）烟气行程:三回程,即由炉胆至后烟箱,折入两侧烟管返回到前部烟箱,再入两组上部烟管至锅壳后部排入烟囱。

(三) 双纵锅筒 D 形锅炉

1. 特点：双纵锅筒轴线平行且位于同一垂直平面内，双纵锅筒轴线与炉膛轴线平行。锅炉的一侧为炉膛及水冷壁，另一侧为烟道及对流管束等受热面。

2. 双纵锅筒 D 形水管锅炉主要部件：上下锅筒、对流管束、水冷壁系统（水冷壁、下降管、集箱）、省煤器等，有的锅炉也有过热器。

(四) 双纵锅筒弯水管锅炉

1. 结构：由上下锅筒、对流管束、水冷壁系统、省煤器、过热器等部件组成，有的还有空气预热器。

2. 整个水气系统工作流程是：给水经省煤器预热后进入上锅炉，然后分别沿水冷壁系统及对流管束进行水循环，所产生的蒸汽在上锅筒内经汽水分离后导入过热器，最后汇集于集汽集箱，由主蒸汽管引出。

3. 特点。

优点：弹性好，维修方便；加煤实现了机械化，减轻了劳动强度；炉内设备齐全，对改善蒸汽品质、减少腐蚀结垢有一定作用。

缺点：采用抛煤机时，其烟气中飞灰量大，含碳量高，从而降低了效率，也污染了环境。

(五) 双横锅筒弯水管链条炉排锅炉

1. 结构：上下锅筒、对流管束、水冷壁系统、省煤器、空气预热器，有的锅炉也有过热器。

2. 烟气流程：对流管束中设有遮烟墙，烟气离开炉膛后，经多次遇折墙转向，充分冲刷过热器和对流管束，最后进入尾部烟道。

3. 特点：这种锅炉采用链条炉排，减轻了劳动强度。炉膛较开阔，并有前、后拱和二次风的配置，燃烧情况较好，热效率较高；但整体结构不够紧凑，金属消耗量较大。

(六) 卧式水火管锅炉结构

1. 结构：主要有锅壳、烟管、两侧水冷壁系统（水冷壁、下降管、集箱）、后排水冷壁胸及燃烧装置。

2. 烟气通常有三回程：在锅壳下部炉膛中向后流动，离开炉膛后由锅壳后部一侧进入第一对流烟管区；向前流动至锅壳前部烟箱，转折 180°进入第二对流管区；向后流动至锅壳后部，排入烟囱。

3. 特点。

优点：结构紧凑，制造及运输安装方便；使用时生火启动快，便于调整符合，热效率较一般锅壳锅炉微高。

缺点：炉膛高度低，相对水冷程度大，燃料着火困难，燃烧不稳定，难以燃用贫煤及劣质烟煤，锅炉也难以达到额定处理及热效率；后管拉撑的旱口常被拉断，管接头出现裂纹和渗漏；锅壳下部常出现过热鼓包现象；锅炉的整体空间较小，高负荷时蒸汽带水严重等。

五、实验结果及讨论

1. 列出所用仪器的型号和规格。

2. 油炉和煤炉在安全性方面有何不同?

六、注意事项

1. 各种模型都不能用力挤压,防止安全附件等被压坏。
2. 结合书本知识,并和实验室现有的模型对照,达到知识掌握更牢固的目的。

实验十六 锅炉自然水循环实验

一、实验目的

深层次地理解自然水循环原理及水循环故障产生的原因。

二、实验原理

自然水循环原理如下。在锅筒和集箱之间,连接有很多受热的管子和少数不受热的管子,组成封闭循环回路。受热管通常是水冷壁管,在研究水循环时称它为上升管;不受热的管子叫下降管。上升管中一部分水因受热汽化,则管内汽水混合物的密度要比下降管中水的密度低。由于上升管与下降管在锅筒和集箱相连通,上端有共同的自由水面,从水面沿上升管及下降管到集箱有共同的高度,这样就在上升管与下降管中因密度差而产生了一个压差。这个压差推动上升管中的汽水混合物向上运动,下降管中的水向下运动。由于水在上升管中不断受热,下降管中水与上升管中汽水混合物的密度差一直存在,所以运动也就持续不停,进而形成循环。

三、实验仪器

蒸汽锅炉自然水循环演示仪。

四、实验步骤

1. 自然水循环回路示意图如图 16.1 所示。
2. 一切准备就绪后,往锅炉加水,水加到中水位上(1/2~2/3处)。
3. 打开电源开关(380 V),使电压表指针指向 220 V,利用电阻丝加热。
4. 观察现象。过一段时间后,有电阻丝的管子里的水上升,说明被加热有气泡产生,同时也说明上升管水的密度小于下降管水的密度。调节其中某个接触调压器的电压,看停滞和倒流现象,发现管子上升速度弱下来,出现水循环停滞,再过一会,上升管与下降管一样,都会出现倒流。
5. 实验操作完毕后,关闭电源。

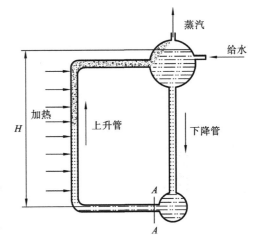

图 16.1 自然循环回路示意图

五、实验结果及讨论

1. 锅炉停滞、倒流、汽水分层现象出现的原因有哪些?

2. 锅炉自然水循环的影响因素有哪些?

3. 如何克服水循环故障的出现?

六、注意事项

1. 加水时,防止水洒在接触调压器及电线上面,避免引起触电事故。
2. 调节电压时,注意先大电压后小电压,防止玻璃管爆炸。
3. 观察时,注意做好实验现象和数据记录,同时在距仪器一定距离处观察,防止碰坏玻璃管。

实验十七 行程控制实验

一、实验目的

了解行程开关的作用、运行的原理及电机在行程开关的控制下正转及反转的现象。

二、实验原理

电网电压经开关 Qs、熔断器 FU 和软电缆送入供给主电路与控制电路。根据电动葫芦的工作特点可知,两台电动机均采用正反转点动控制,其中,接触器 KM_1 和 KM_2 控制起升电动机 M_1 以达到提升和下降的目的;接触器 KM_3 和 KM_4 控制平移电动机 M_2 以达到左右移动的目的。按 SB_1,KM_1 得电,KM_1 主触点闭合,电动机 M_1 得电提升运转;按 SB_2,KM_2 得电,KM_2 主触点闭合,电动机 M_1 得电下降运转;按 SB_3,KM_3 得电,KM_3 主触点闭合,电动机 M_2 得电往左运转;按 SB_4,KM_4 得电,KM_4 主触点闭合,电动机 M_2 得电往右运转。电路图如图 17.1 所示。

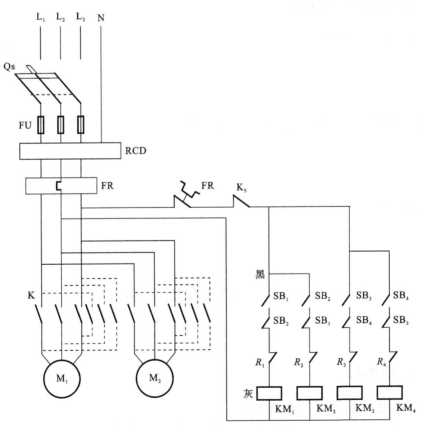

图 17.1 电动葫芦行程控制线路图

三、实验仪器

相交电源:$U=380$ V,$f=50$ Hz;三相鼠笼式异步电动机;继电器;吊钩;电动葫芦;钢丝绳;开关箱。

四、实验步骤

1. 观察电动葫芦的结构组成,观察钢丝绳的横断面。
2. 熟悉各电气元件的组成部分和相关原理。
3. 依据上述电路图所示,检查各电气元件连接是否有松动。
4. 按下控制面板上的按钮,观察电动机的转向:
（1）按下向上的按钮,电动机 M_1 上升;
（2）按下向下的按钮,电动机 M_1 下降;
（3）按下向左的按钮,电动机 M_2 向左转;
（4）按下向右的按钮,电动机 M_2 向右转。
5. 实验结束后,把各器材放回原处。

五、实验结果及讨论

1. 电动机正、反转运行是否正常?

2. 限位开关在电动机运行过程中起什么作用?

3. 交流接触口的工作原理是什么?

4. SB_1、SB_2、SB_3、SB_4 的常闭触点在控制电路中起什么作用?

六、注意事项

1. 注意各电气元件触点应正确连接。
2. 实验时,注意电源不要短路;连接成路后,仔细检查电路连接无误后方可通电。
3. 设备外壳要良好接地。
4. 若实验未出现上述现象,应仔细检查电路的连接,观察是否有短路和松脱现象。

实验十八　金属箔式应变片——单臂电桥性能实验

一、实验目的

了解金属箔式应变片的应变效应,了解单臂电桥工作原理和性能。

二、基本原理

电阻丝在外力作用下发生机械变形时,其电阻值发生变化,拉伸时电阻增大,压缩时电阻减少,且与轴向应变成正比,这就是电阻应变效应。描述电阻应变效应的关系式为

$$\Delta R/R = K\varepsilon$$

金属箔式应变片就是通过光刻、腐蚀等工艺制成的应变敏感元件,通过它转换被测部位受力状态变化,电桥的作用完成电阻到电压的比例变化,电桥的输出电压反映了相应的受力状态。对于单臂电桥而言,输出电压 $U_{01} = EK\varepsilon/4$。

三、实验仪器

电桥,差动仪用放大器,电压放大器,应变式传感器,砝码,直流电压表,万用表,数字钳形电流表。

四、实验步骤

1. 根据图 18.1 可知,传感器中各应变片已接入了面板左上方的 R_1、R_2、R_3、R_4。加热丝贴在应变传感器上,也接入了面板的左上方,用时插入"+5V"直流电源(可用万用表进行测量判别),$R_1 = R_2 = R_3 = R_4 = 350\ \Omega$,加热丝阻值为 $50\ \Omega$ 左右。实验过程中,讲解万用表和数字钳形电流表的使用方法。

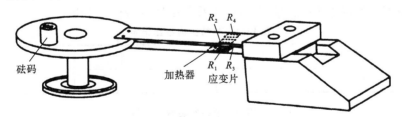

图 18.1　应变传感器安装示意图

2. 放大器调零。合上主控台电源开关,将差动放大器和电压放大器的增益电位器顺时针调节至中间位置,再进行电压放大器调零。调节方法为:将差动放大器的正、负输入端与地短接,差动放大器的输出端和输入端相连,电压放大器的输出端与主控台面板上直流电压表输入端相连,调节差动放大器上的调零电位器,使直流电压表显示为零。电压放大器调零后,关闭主控台电源,如图 18.2 所示。

3. 将应变式传感器中的某一个应变片接入电桥,作为一个桥臂与内电阻接成直流电

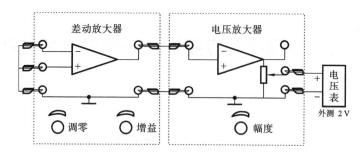

图 18.2　应变式传感器单臂电桥实验放大器调零接线图

桥,接好电桥调零电位器 W_1,接上桥路电源,如图 18.3 所示。检查接电线无误后,合上主控台电源开关,调节 W_1,使直流电压显示为零。

4. 在电子秤上放置一只砝码,读取直流电压表数值,依次增加砝码和读取相应的直流电压表值,直到 200 g 砝码加完。将实验结果填入实验数据表中,关闭电源。

5. 根据实验数据,分别计算半桥、全桥测量的系统灵敏度 $S=\Delta U/\Delta W$,式中:ΔU 输出电压变换量,ΔW 为质量变化量;非线性误差 $f_1=\Delta m/y_f S\times 100\%$,式中:$m$ 为输出电压值(多次测量时取平均值)与拟合直线的最大偏差,y_f 为满足量程输出平均值。

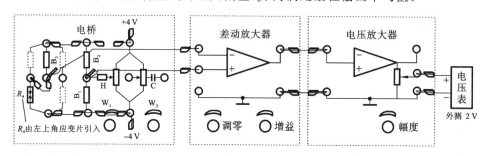

图 18.3　单臂电桥连接线路图

五、实验结果及讨论

1. 测量实验数据要求:记录每次测量结果于表 18.1、表 18.2 中。

表 18.1　半桥实验数据记录

重量/g									
电压/mV									

表 18.2　全桥实验数据记录

重量/g									
电压/mV									

2. 画出实验曲线,计算单臂电桥灵敏度 $S=\Delta U/2\Delta W$,非线性误差 f_1。

3. 认真撰写实验报告。

六、注意事项

认真听讲,按照老师要求正确接线。理解什么是单臂电桥、电阻应变效应,学会如何调零。

实验十九 金属箔式应变片——半桥、全桥性能试验

一、实验目的

比较半桥与单臂电桥的不同性能,了解其特点。

二、基本原理

不同受力方向的两片应变片接入电桥作为临边,电桥输出灵敏度提高,非线性得到改善。当两片应变片阻值和应变量相同时,其桥路输出电压 $U_{02}=EK\varepsilon/4$。

三、实验仪器

电桥,差动仪用放大器,电压放大器,应变式传感器,砝码,直流电压表。

四、实验步骤

1. 实验模板放大器调零。
2. 按图 19.1 接线,R_3、R_4 为实验模板左上方的应变片,R_3 受力应和 R_4 受力状态相反,即将传感器中两片受力相反的电阻应变片作为电桥的相邻边。接入桥路电源,调节电桥调零电位器 W_1 进行桥路调零。

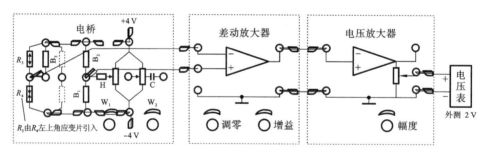

图 19.1 半桥电路连接示意图

3. 在电子秤上放置一只砝码,读取直流电压表数值,依次增加砝码和读取相应的直流电压表值,直到 200 g 砝码加完。将实验结果填入实验数据表中,关闭电源。
4. 根据图 19.2 接线,实验方法与半桥实验相同,将实验结果填入实验数据表内。
5. 根据实验数据表分别计算半桥、全桥测量的系统灵敏度 $S=\Delta U/\Delta W$,式中:ΔU 为输出电压变换量,ΔW 为质量变化量;非线性误差 $f_1=\Delta m/y_f S\times 100\%$,式中:$m$ 为输出电压值(多次测量时取平均值)与拟合直线的最大偏差,y_f 为满足量程输出平均值。
6. 将实验数据记入表中,计算灵敏度 $S=\Delta U/\Delta W$,非线性误差 δf_2。若实验时无数值现实说明 R_2 与 R_1 为相同受力状态应变片,应更换另一个应变片。

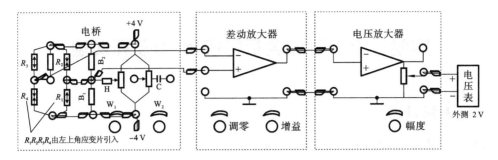

图 19.2 全桥电路连接示意图

五、实验结果及讨论

1. 测量实验数据要求记录每次测量结果于表 19.1、表 19.2 中。

表 19.1 半桥实验数据记录

重量/g								
电压/mV								

表 19.2 全桥实验数据记录

重量/g								
电压/mV								

2. 画出实验曲线,计算半桥、全桥灵敏度 $S = \Delta U/2\Delta W$,两种情况下的非线性误差为 f_1、δf_2。

3. 认真撰写实验报告。

六、实验注意事项

认真听讲,记录数据,分析半桥与单臂电桥的不同性能,了解其特点,并能运用到实际生活中分析案例。

实验二十　直流全桥的应用-电子秤实验

一、实验目的

了解应变片直流全桥的应用电路的标定。

二、基本原理

电子秤实验原理为全桥测量原理,即通过对电路调节使电路输出的电压值为质量对应值,将电压量纲 V 改为质量量纲 g,即成为一台原始电子秤。

三、实验仪器

电桥,差动仪用放大器,电压放大器,应变式传感器,砝码,直流电压表,15 V 电源、4 V 电源。

四、实验步骤

1. 调零,按全桥接线法接线,合上主控台电源开关,调节电桥平衡电位器 W_1,使直流电压表显示 0.00 V。
2. 将 10 g 砝码全部置于传感器的托盘上,调节差动放大器增益电位器,使直流电压表显示为 0.2 V 或 −0.2 V。
3. 拿去托盘上的所有砝码,调节差动放大器零位电位器,使直流电压表显示为 0.00 V。
4. 重复 2、3 步骤的标定过程,一直到精确为止,把电压量纲 V 改成质量量纲 g,就可秤重,成为一台原始的电子秤。
5. 把砝码依次放在托盘上,记录数据。

五、实验结果及讨论

1. 测量实验数据,要求记录每次测量结果于表 20.1。

表 20.1　实验数据记录表

重量/g									
电压/mV									

2. 根据数据计算误差和非线性误差。

3. 认真撰写实验报告。

六、实验注意事项

认真听讲,记录数据,并能运用到实际生活中分析案例。

实验二十一　接地电阻测试实验

一、实验目的

综合运用接地保护知识,在掌握接地电阻测量仪的工作原理和接地电阻测量仪测量接地电阻操作方法的基础上,通过对接地装置接地电阻的测试,判断接地的有效性,并掌握降低接地电阻的方法。

二、实验原理

实验所用 HT2571 数字接地电阻测量仪摒弃传统的人工手摇发电工作方式,采用先进的中、大规模集成电路,应用 DC/AC 变换技术将三端钮、四端钮测量方式合并为一种机型的新型接地电阻测量仪。

HT2571 数字接地电阻测量仪的工作原理为由机内 DC/AC 变换器将直流变为交流的低频恒流,经过辅助接地极 C 和被测物 E 组成回路,被测物上产生交流压降,经辅助接地极 P 送入交流放大器放大,再经过检波送入表头显示。

三、实验仪器

HT2571 数字接地电阻测量仪,接地装置,电压极、电流极和连接线、探针。

四、实验步骤

1. 接地电阻测量原理图如图 21.1 所示。

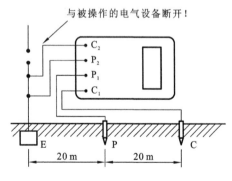

图 21.1　接地电阻测量原理

(1) 沿被测接地极 E(C_2、P_2)和电位探针 P_1 及电流探针 C_1,依直线彼此相距 20 m,使电位探针处于 E、C 中间位置,按要求将探针插入大地。

(2) 用专用导线将地阻仪端子 E(C_2、P_2)、P_1、C_1 与探针所在位置对应连接。测量保护接地电阻时,一定要断开电气设备与电源连接点。在测量小于 1 Ω 的接地电阻时,应分别用专用导线连在接地体上,C_2 在外侧,P_2 在内侧。

(3) 开启地阻仪电源开关"ON",选择合适挡位轻按一下键,该挡位指标灯亮,表头 LCD 显示的数值即为被测得的接地电阻。

2. 土壤电阻率测量。

测量时,在被测的土壤中沿直线插入四根探针,并使各探针间距相等,各间距的距离为 L(要求探针入地深度为 $L/20$ cm),用导线分别从 C_1、P_1、P_2、C_2 各端子与四根探针相连接。若地阻仪测出电阻值为 R,则土壤电阻率计算公式为

$$\Phi = 2\pi RL$$

式中:Φ——土壤电阻率,$\Omega \cdot cm$;

L——探针与探针之间的距离,cm;

R——地阻仪的读数,Ω。

用此法测得的土壤电阻率可近似认为是被埋入探针之间区域内的平均土壤电阻率。

测地电阻、土壤电阻率所用的探针一般用直径为 25 mm、长 0.5~1 m 的铝合金管或圆钢。

五、实验结果及讨论

1. 实验数据记录表如表 21.1 所示。

表 21.1 实验数据记录表

测试次数							
L 值							
R 值							

2. 接地电阻测试过程中,如何减少水分对测试的影响?

3. 计算不同地方的土壤电阻率。

六、实验注意事项

1. 注意测量电阻探针插入深度的有效性。
2. 测量保护接地电阻时,一定要断开电气设备与电源之间的连接。

实验二十二　超声波测厚与测漏检测

一、实验目的

通过该实验，了解超声波测厚的基本原理和方法以及应用范围；掌握和使用 DC2000B 型超声波测厚仪；验证压力容器的筒体、封头"曲面"壁厚的变化情况。

二、实验原理

超声波是频率高于 20 kHz，且不能被人耳听到的波。用于超声检测的频率范围为 20 kHz$<f<$100 MHz。金属材料超声检测频率为 0.5～20 MHz。对固体来说，各种波形的超声波均可用来检测。

超声波测厚仪工作原理如图 22.1 所示。利用超声脉冲反射法进行测厚，超声波在同一均匀介质中传播时，声速为常数；在不同介质的界面上则具有反射特性。当发射的脉冲通过换能器发射晶片经延迟块接触被测件表面时，超声脉冲射向被测件，并以一固定声速向被测件深处传播，在到达被测件的另一面时，反射回来被另一接收晶片所接收。这样，只要测出从发射到接收超声脉冲所需要的时间，扣除经延迟的来回时间，再乘以被测件的声速常数，就是超声脉冲在被测件中所经历的来回距离，也就代表了厚度值。此数值在测厚仪上直接显示。

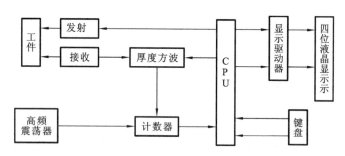

图 22.1　超声波测厚仪工作原理

三、实验仪器

DC2000B 型超声波测厚仪四个；测厚仪试块若干；民用煤气罐四个；甘油（耦合剂）若干，质量 20Z，温度 260 ℃；砂纸、擦布若干。

四、实验步骤

1. 超声测厚。

（1）测量准备：将探头插头插入主机探头插座中，按"ON"键开机，全屏幕显示数秒后显示上次关机前使用的声速，此时可开始测量。

（2）声速调整：如果当前屏幕显示为厚度值，按"VEL"键进入声速状态，屏幕将显示当前声速存储单元的内容。每按一次,声速存储单元变化一次,可循环显示五个声速值。如果希望改变当前显示声速单元的内容,用"▲"键或"▼"键调整到期望值即可,同时将此值存入该单元。

(3) 校准:在每次更换探头、更换电池之后应进行校准。此步骤对保证测量准确度十分关键。如有必要,可重复多次。将声速调整到 5900 m/s 后按"ZERO"键,进入校准状态,在随机试块上涂耦合剂,将探头与随机试块耦合,屏幕显示的横线将逐条消失,直到屏幕显示 4.0 mm 时,校准完毕。

(4) 测量厚度:将耦合剂涂于被测处,将探头与被测材料耦合即可测量,屏幕将显示被测材料厚度。这说明:当探头与被测材料耦合时,显示耦合标志。如果耦合标志闪烁或不出现,说明耦合不好;拿开探头后,厚度值保持,耦合标志消失。

2. 测量声速。

如果希望测量某种材料的声速,可利用已知厚度试块测量声速。与测量厚度步骤相似,用游标卡尺或千分尺测量试块,准确读取厚度值,将探头与已知厚度试块耦合,直到显示出一厚度值。拿开探头后,用"▲"键或"▼"键将显示值调整到实际厚度值,然后按"VEL"键即可显示出被测声速,同时该声速被存入当前声速存储单元。

3. 厚度值存储。

(1) 存储:按住"VEL"键,再按"ZERO"键,进入厚度存储状态,显示某一厚度存储单元号,此时可用上、下调节键找到所需单元(用"▲"键或"▼"键可循环显示 0~9 单元)。测量厚度的同时,将测值存入单元。每测一次新值就会将旧值刷新,该单元记录的是最后一次测量的值。按"VEL"键可退出厚度存储状态。

(2) 查看存储内容:按住"VEL"键,再按"ZERO"键,显示当前厚度存储单元号,用"▲"键或"▼"键找到要查看的单元(用"▲"键或"▼"键可循环显示 0~9 单元),再操作一次就可显示该单元的内容。此时测量也可将新测的值存入该单元。按"VEL"键可退出厚度存储状态。

五、实验结果及讨论

1. 把测量的厚度数值计入表 22.1 中。

实测结果记录:试样材料、形状、测定部位,实测厚度,普通量具测得的厚度值及误差。

表 22.1 实验数据记录表

实验日期:		年 月 日						室温:		℃		
被测物		测 试 点/mm										
		1		2		3		4		5		6
名称	形状	超声	游标	超声	游标	超声	游标	超声	游标	超声	游标	超声	游标
		误差: mm		误差: mm		误差: mm		误差: mm		误差: mm		误差: mm	
		误差: mm		误差: mm		误差: mm		误差: mm		误差: mm		误差: mm	
		误差: mm		误差: mm		误差: mm		误差: mm		误差: mm		误差: mm	

2. 画出不同位置的壁厚情况。

六、实验注意事项

1. 测厚前,要清除被测表面的污垢等异物。
2. 测厚时,在被测表面涂上耦合剂,使探头和被测表面紧密接触,且探头要始终平稳地放在被测件表面上。
3. 出现低电压指示标志后,应及时更换电池。

实验二十三　绝缘电阻和耐电压测量实验

一、实验目的

综合运用所学知识,在理解绝缘电阻耐电压测试仪的工作原理和掌握测量绝缘电阻、耐电压的操作方法的基础上,通过对电气设备和电气线路绝缘电阻的测试,掌握判断电气设备和电气线路绝缘保护的有效性的测试方法,培养设计实验、应用测试仪器和分析处理实验结果的能力。

二、实验原理

1. 绝缘电阻测试原理。

绝缘电阻是指加于试品上的电压与流过试品的泄漏电流之比,即

$$R = U/I$$

式中:U——加在试品两端的电压,V;

I——对应于电压 U 时,试品中的泄漏电流,μA;

R——试品的绝缘电阻,$M\Omega$。

从上式可以看出,绝缘电阻 R 与泄流电流 I 成反比,而泄漏电流的大小又取决于试品绝缘材料的状况,如绝缘材料受潮或严重老化,绝缘性能下降,这时泄漏电流就显著增大,绝缘电阻就显著降低。所以,测量电气设备绝缘电阻是了解电气设备绝缘状况的有效手段,而且测量方法简便。

在各种电气设备及供电线路中,绝缘材料绝缘性能的好坏,直接关系到电气设备的正常运行和操作人员的人身安全,而表明电气设备绝缘性能好坏的一个重要指标就是绝缘电阻值的大小。绝缘电阻是指用绝缘材料隔开的两部分导体之间的电阻。绝缘材料在使用中,由于发热、污染、锈蚀、受潮及老化等原因,其绝缘电阻值将降低,进而可能造成漏电或者电路事故,因此必须定期对电气设备和供电线路做绝缘性能检查测试,以确保其正常工作,预防事故的发生。

2. 耐电压测试原理。

耐电压强度也可称耐压强度、介电强度、介质强度。绝缘物质所能承受而不致遭到破坏的最高电场强度称为耐电压强度。在实验中,被测样品在要求的实验电压作用下达到规定的时间时,耐压测试仪自动或被动切断实验电压。一旦出现击穿电流超过设定的击穿(保护)电流,能够自动切断实验电压并报警,以确保被测样品不致损坏。

测量耐电压的原理与测量绝缘电阻的原理基本相同,测量绝缘电阻实际上也是一种泄漏电流,只不过是以电阻形式表示出来的。不过,正规测量泄漏电流施加的是交流电压,因而,在泄漏电流的成分中包含了容性分量的电流。

在进行耐压测试时,为了保护实验设备和按规定的技术指标测试,也需要确定一个在不破坏被测设备(绝缘材料)的最高电场强度下允许流经被测设备(绝缘材料)的最大电流值,

这个电流通常也称为漏电流。漏电流实际上就是电气线路或电气设备在没有故障和施加电压的作用下,流经绝缘部分的电流,因此,它是衡量电器绝缘性好坏的重要标志之一,是产品安全性能的主要指标。

三、实验仪器

(1) 测量绝缘电阻用 ZC-7 型绝缘电阻表,数字兆欧表;
(2) 测量耐电压用电气安全综合测试仪的耐电压测试功能模块;
(3) 待测物:变压器、风扇电机、电缆、三相异步电动机。

四、实验步骤

1. 用 ZC-7 型绝缘电阻表测量电线、变压器和三相异步电动机的绝缘电阻。

首先明确注意事项。绝缘电阻表应在被测电气设备不带电情况下进行测量,所以必须按正确断电要求将被测电气设备退出运行,并做好相应的安全防护。对大电感和电容性设备来说,断电后还必须充分放电才能测量。对被测设备进行测量前处理时,如拆除无关线路,应对接线部位进行清洁处理等。

(1) 检查表外观,再进行表内部检查(通过开路、短路实验检查)。

(2) 按所测量的电气设备或电路进行正确接线。绝缘电阻表上有三个接线端子,分别为 L 端子、E 端子和 G 端子(保护环)。在一般情况下,L 端子与被测电气设备导体部分连接,E 端子与被测电气设备外壳或接地部分连接,G 端子在被测电气设备表面潮湿或污垢不易去除,且对被测量结果影响较大时,常用来进行屏蔽保护。

(3) 将绝缘电阻表水平放置,进行摇测。一般转速达到 120 r/min,1 min 后读数,若遇电容较大的被测物时,应等绝缘电阻表指针稳定不变时再读取数据。

① 测量变压器绕组间的绝缘电阻和绕组对地绝缘电阻:绝缘电阻表的 L、E 两端子分别接变压器的两级绕组,测出 L_1—L_2 之间的绝缘电阻值;L 端子接变压器的某一绕组,E 端子接其外壳,分别测为 L_1—E、L_2—E 之间的绝缘电阻值。

② 测量风扇电机的地绝缘电阻:绝缘电阻表的 L 端子接风扇电机的绕组,E 端子接其外壳,测出 L—E 之间的绝缘电阻值。

③ 测量电线(带有电源插头)的绝缘电阻:绝缘电阻表的 L、E 两端子分别电源插头的 L/N 和 E 处,分别测出 L—E、N—E 之间的绝缘电阻值。

④ 测量电动机相间的绝缘电阻和相对地绝缘电阻:绝缘电阻表的 L、E 两端子分别接电动机的两相绕组。分别测出 U—V、U—W、V—W 三个绝缘电阻值;L 端子接电动机的某一绕组,E 端子接电动机的外壳,共测三次,分别为 U—E、V—E、W—E 三个绝缘电阻值。

另外,也可将电动机三相绕组的尾端短接,将 L 端子与任一相绕组的首端连接,E 端子接电动机的外壳进行测量。如果所测电阻值合格,只要测量一次即可。

(4) 测量完毕后,需将被测物放电:将测试电阻表接线端搭接到实验台的接地端放电。放电 10 s 后方可触摸被测物进行拆线。

常用电气设备绝缘电阻合格值:新装和大修的低压线路和设备,其绝缘电阻不低于 0.5 MΩ;对运行中的电路和电气设备,绝缘电阻的要求降低为每伏工作电压 1000 Ω;在潮湿的环境,要求可降低为每伏工作电压 500 Ω;携带式电气设备的绝缘电阻不低于 2 MΩ;配电盘二次线路的绝缘电阻不应低于 1 MΩ,在潮湿环境可降低为 0.5 MΩ。

2. 用数字兆欧表测量电线、变压器和三相异步电动机的绝缘电阻。

(1) 用数字兆欧表测量的步骤与 ZC-7 型绝缘电阻表基本一致,先进行验表;

(2) 选择电压输出挡;

(3) 按下"PUSH"键测试,调整读数量程挡,得到位数多的有效数字,待读数趋于稳定后,读取绝缘电阻值,然后松开"PUSH"键,测量项目同四 1.(3);

(4) 放电操作同 1.(4)。

3. 用电器安全综合测试仪的耐电压测试功能模块,测量电线、变压器和电动机的耐电压和相应的漏电流。

(1) 在复位状态下将功能测试开关置"耐压测试",即按下"耐压"键,"耐压"键上方指示灯亮。

(2) 连接被测物体是在确定电压表指示为"0",即测试灯熄灭时,将"耐压测试端"高压输出端和地线端分别与被测物连接好。

(3) 设定漏电流测试所需值:

① 按下"测试/预置"开关;

② 选择所需电流挡有"2 mA/20 mA"挡;

③ 调节漏电流预置电位器,观察漏电流显示窗至所需漏电流报警值;

④ "测试/预置"开关恢复常态。

(4) 手动测试:

① 将定时开关置于关的位置;

② 按下"启动"键,测试灯亮,观察电压显示窗,将电压调节钮旋到需要的电压值,同时可从电流显示窗(30)读取被测物的漏电流值;

③ 测试完毕后,将电压调节到测试值的 1/2 位置以下后按"复位"键,电压输出切断,测试灯灭,此时被测物为合格;

④ 如果被测物体超过规定漏电流值,则仪器自动切断输出电压,同时蜂鸣器报警,不合格指示灯亮,此时被测物为不合格,按下"复位"键即可清除报警声;

⑤ 按下"复位"键,测试灯灭,取下被测物。

(5) 定时测试:

① 将定时开关为"开"时,调整时间设置开关,设定所需测试时间值;

② 按下"启动"键,测试灯亮,观察电压显示窗,将电压调到所需测试值,同时可从电流显示窗读取被测物的漏电流值,时间显示窗从所设定的测试时间值开始倒计数;

③ 定时时间到,被测物为合格;

④ 若漏电流过大,不到计时时间,不合格灯亮,蜂鸣器报警,测试灯灭,测试电压被切断,被测物为不合格,按下"复位"键即可清除报警声。

五、实验结果及讨论

1. 测量实验数据,要求记录每次测量结果于表 23.1~表 23.3 中。

表 23.1　摇表绝缘电阻值记录

被测物	接 L—E 端	绝缘电阻值（摇表）	接 L—E 端	绝缘电阻值（摇表）	接 L—E 端	绝缘电阻值（摇表）

表 23.2　数字表绝缘电阻值记录

被测物	接 L—E 端	绝缘电阻值（数字）	接 L—E 端	绝缘电阻值（数字）	接 L—E 端	绝缘电阻值（数字）

表 23.3　耐电压值记录

被测物	接 L—E 端	漏电流	耐电压	接 L—E 端	漏电流	耐电压

2. 认真撰写实验报告，作出不同情况下绝缘体电阻曲线。

3. 如何更精准地测试不同材料的绝缘电阻值？

六、注意事项

1. 测量绝缘电阻值时应注意的几个问题。

（1）正确选表、验表。使用时，发电机转速应由慢至 120 r/min，并保持此速度到读数完毕。

(2)测量电感性或电容性设备(例如大容量电动机、电力电容器、电力电缆等)时,除测前需放电,测量完毕后也应充分放电后再拆线。

(3)不允许带电测量绝缘电阻,以防发生人身触电事故或设备损坏事故。

(4)测量过程中,测量人员的身体不得接触裸露的接线端或被测量设备的金属部位,也不得触及未放电的电气设备。

(5)应使用专用测试线,不可以用普通导线(绞线或平行线)代替。

(6)不应在潮湿或阴雨天气时测量电气线路的绝缘电阻。

(7)测量时,测试人员应注意与周围带电体保持安全距离,应远离大电流导体和强磁场。

2. CS 2677-1 电气安全综合测试仪使用高压测试前的注意事项。

(1)一般规定。

使用本测试仪前,请先了解本测试仪所使用的相关安全标志,以策安全。

在给本测试仪输入电源前,请对照标牌确认输入电压是否正确。

1——高电压警告符号。请参考所列的警告和注意说明,以避免人员或仪器受损。

2——危险标志,可能会有高电压存在,请不要接触。

3——机体接地符号。

本测试仪所产生的电压和电流足以造成人员伤害或触电,为防止意外伤害或死亡发生,在搬移和使用仪器时,请务必先观察清楚,然后再开始运行动作。

(2)维护和保养。

① 操作人员的维护:为了防止触电的发生,在没有得到仪器制造商的许可时请不要拆开测试仪的箱体,如仪器有异常情况发生,请与仪器制造商或其指定的经销商联系。

② 定期维护:本测试仪的输入电源线、测试线和相关附件等根据使用频段,要定期仔细检验和校验,以保护操作人员的安全和仪器的准确性。

③ 操作人员的修改:操作人员不得自行更改仪器内部的线路和零件,如被更改,仪器制造商对仪器的保证将自动失效。

(3)测试工作平台。

① 工作台位置:工作台的位置选定必须安排在一般人员非必经的场所,确保非工作人员远离工作台。如果因生产线的安排而无法做到时,必须将工作台与其他设施隔开并特别标明"高压测试工作区"。如果高压测试工作台与其他工作台非常靠近时,必须特别注意安全,以防触电。在进行高压测试时,必须标明"危险! 正在高压测试,非工作人员请勿靠近"。

② 输入电源:本测试仪输入电源为 AC 交流电源。电源范围为交流(AC)220V±10%,电源频率为 50 Hz。在该电源范围内,如电源不稳定,则有可能造成仪器异常动作或损坏测试仪内部元件。

③ 工作测试台:在进行等耐压测试时,本机必须放在非导电材料的工作台上,操作人员和待测物之间不得使用任何导电材料。操作人员的位置不得跨越待测物去操作、调整耐压测试仪。测试仪工作区及其周围的空气不能含有可燃气体或在易燃物的旁边使用测试仪,以免引起爆炸和火灾。

④ 操作人员:在错误的操作误触电时,测试仪所输出的电压和电流足以造成人员伤亡,因此必须由训练合格的人员使用和操作。操作人员不可穿有金属装饰的衣服或佩戴金属的

饰物,如手表等。测试仪绝对不能让有心脏病或佩戴心率调整器的人员操作。

⑤ 安全要点:非合格的操作人员和不相关的人员应远离高压测试区;随时保持高压测试区在安全和有秩序的状态;在高压测试进行中,绝对不碰触测试物件或任何与待测物有连接的物件;万一发生任何问题,请立即关闭高压输出和输入电源;在直流耐压测试后,必须先妥善放电,才能进行拆除测试线的工作。

实验二十四　工频场强测试实验

一、实验目的

学会使用工频场强测试仪,便于通信基地台、医疗设备、雷达、微波炉、辐射工作、电视台天线、电台、熔接设备、烘烤设备、电视、计算机等电场的测量。

二、基本原理

用电家用设备产生的电磁辐射对人体有无危害,最重要的是要看辐射能量的大小。电磁场测量主要是指由用电设备等辐射体形成的电磁场强度的测量。用电设备是射频场源,用场强测试仪进行测试时,测量频宽 50 MHz~3.0 GHz,采用三轴天线接收感应器,具有警报设定功能,可记录最大值、最小值及读值锁定功能。选择的测量频率点越接近时,测量结果将越准确。用于测量、监视电场高强度电场警报值设定功能,确保工作者安全。三轴式电场感应器由 CPU 将三轴测量总值合计电场强度。测量范围如表 24.1 所示。

表 24.1　测试参数值

测量范围	解析度	有效测量值
0~200.00 V/m	0.01 V/m	>1V/m
0~99.999 W/m^2	0.001 W/m^2	>0.03 W/m^2
0~9.9999 mW/cm^2	0.0001 mW/cm^2	>0.0003 mW/cm^2

三、实验仪器

工频场强测试仪,手机、电脑、空调等。

四、实验步骤

1. 学会使用工频场强测试仪,掌握测试仪表盘的按键用途。
2. 分别测试离手机、电脑、空调不同距离电磁场强度和电磁能量功率密度。
3. 测试各自手机在关屏、开屏、打电话等不同情况下的电磁场强度。

五、实验结果及讨论

1. 测量实验数据,要求记录每次测量结果于表 24.2 中。

表 24.2　实验数据记录表

距离手机不同距离及情况	30 cm	20 cm	10 cm	开屏	拨电话	接电话
电磁场强						

2. 记录离手机、电脑、空调不同距离的电磁场强度和电磁能量功率密度。

3. 认真撰写实验报告。

六、实验注意事项

操作前,应先设定"危险电场强度警报值",避免发生高电场过度暴露危险心律调整器或其他生医电子装置使用者,应避免暴露于高电场环境中。

实验二十五 校园地埋管道泄漏探测

一、实验目的

通过该实验,了解地埋管道检测仪检测原理,掌握和使用地埋管道气体、液体泄漏检测仪,在校园内进行实际应用检测。

二、实验仪器

地埋管道液体和气体泄漏 XLT-1 检测仪三台。

三、实验原理

利用声探测原理,用电子放大器和滤波器准确定位管道中液体泄漏,可检测各种类型管道的泄漏,包括钢、铸铁、PVC、水泥管及石棉管。泄漏通过仪表显示和耳机噪声识别,大脚传感器可在铺设好的路面上使用。

XLT-17 检测仪是一种液体和气体泄漏检测仪,通过简单的四步就可以检查出漏点:电子放大泄漏声波,有选择地过滤噪音,独立出泄漏声波,使操作者找到泄漏源。对于埋藏在沥青或水泥下的泄漏而言,可以使用"大脚探头"。在管道敞开放置时,XLT-17 检测仪可以通过腔状探头配备声波穿透杆置于管道上方或直接接触管道,便可进行泄漏检查。当液体管道中的液体泄漏到空气中时,XLT-17 检测仪的探头就可感知液体与空气的摩擦声。当气体管道中的气体泄漏到空气中时,XLT-17 检测仪配备的超声波探头可以检查出泄漏伴随的高频超声波,这种超声波是人们无法听到的。

XLT-17 检测仪的特点:紧凑型控制盒可以通过肩带,戴在肩上;声波和超声波频段的泄漏都可以检测;最少的控制按钮便于使用者操作;耳机具备足够音量,避免错过检查过程中突然产生的信号;"大脚探头"和水声波腔体探头具有三个开关位置:静音、瞬间开启、锁定开启;"小脚探头"体积小巧,用于检查较小的空间;"超声波探头"采用单独的接头。所有的部件如图 25.1 所示。

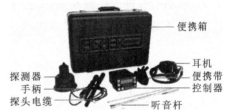

图 25.1 XLT-17 检测仪

四、实验步骤

1. 安装控制箱、耳机和选择的听音杆,耳机必须连接到 XLT-17 检测仪才能工作。

2. 按下"电源"按钮可以打开 XLT-17 检测仪。操作按钮功能之前,XLT-17 检测仪需要预热 5 min,与此同时,屏幕上也显示有关电池强度的信息。

3. XLT-17 检测仪打开时通常是设置默认值(声音是在中间的设置,无经过滤的模式,控制按钮也在中间设置),显示屏将会显示出两位数的声音强度的条形图。

4. 在移动听音杆时,要记得将 XLT-17 检测仪手柄上的消声开关按下。

5. 按下"音量"按钮可以改变耳机的音量。按照耳机上旋转箭头标记可以增加或减少音量，显示屏上也会显示出音量等级的图形条。

6. 开始漏水检测。在检漏过程中的修改有些小的、未被确认的或很小声音的漏水点需要被确认的情况下，为了听清漏水声音，需要对过滤类型做一些修改。类似的管道组成和土壤类型，不同的过滤调整将会增加对漏水声音的听辨能力。只要按下"过滤"按钮就可以调节过滤器，通过滚动屏幕，就有四个不同的类型，频率范围可以进行高过滤、低过滤、波段过滤。如果在选择过滤类型时，显示屏幕上的过滤类型频率范围是可以选择的，当选择和修改完毕之后，按下"菜单"按钮，返回到声音图表显示屏。

使用过滤器时，一些外界声音会隐蔽或掩盖漏水声，使操作人员不能充分听到漏水声。XLT-17检测仪可以进行声音频率过滤，按下"过滤"按钮就可以直接进行过滤。

五、实验结果及讨论

1. 检测校园内地埋管道是否存在泄漏情况，并指出具体地点。

2. 探讨针对不同场所，应如何正确地选择探测方式。

六、实验注意事项

1. 移动听音杆或探测器前，要按下"静音"按钮，以防伤害。
2. 听从老师安排，不得随意走动。

实验二十六 K型热电偶测温性能实验

一、实验目的

理解热电偶测量温度的性能与应用范围。

二、实验仪器

K型热电偶,加热器,差动放大器,直流电压表,水银温度计。

三、实验原理

当两种不同的金属组成回路,如两个接点有温度差,就会产生热电势,这就是热电效应。温度高的接点称为工作端,将其置于被测温度场,以相应电路就可间接测得被测温度值;温度低的接点就称为冷端(也称自由端),冷端可以是室温值或经补偿后的0℃、25℃的模拟温度场。

四、实验步骤

1. 了解热电偶原理。
2. 了解热电偶、加热器在实验台上的位置及符号,实验台所配的热电偶是铜-康铜简易热电偶,分度符号为T,它封装在振动梁的上、下梁之间。加热器封装在振动梁下梁。如图26.1所示。

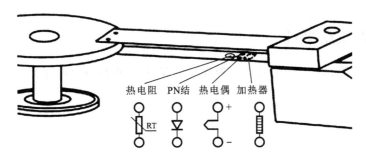

图26.1 加热器、热电偶、PN结、热电阻安装示意图

3. 按图26.2所示连接电路。
4. 把差动放大器和电压放大器的增益或幅度调至最大(因为热电偶输出很小),调差动放大器的"调零"旋钮,使电压表输出为零(此时,加热器还未接电,热电偶冷端和热端都为室温,热电偶输出应为零)。
5. 把加热器接上+5V电压,电压表毫伏值应不断升高,待基本稳定时记下电压表指示读数。此数值除以两级放大器的总放大倍数,就是冷端为室温、热端为加热器温度时的热电偶的输出电压值。

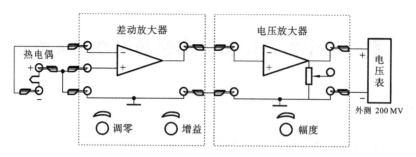

图 26.2　K 型热电偶测温性能实验

6. 用水银温度计测出室温,根据分度表查出冷端为零度、热端为室温时的热电偶的输出电压值。

7. 第 5 步的结果加第 6 步的结果就是冷端为零度、热端为加热温度时的热电偶的输出电压值,根据分度表就可以查出加热器温度值。

8. 用水银温度计测出加热器的温度,并与第 7 步的结果进行比较,试分析误差来源。

五、实验结果及讨论

1. 分析热电偶测量的是温差值还是温度值。

2. 记录输出电压值,并通过分度表查出加热器温度值,并分析误差来源。

六、实验注意事项

在老师要求下做好实验;在未准备就绪的情况下,不得打开电源开关。

实验二十七　热电偶冷端温度补偿实验

一、实验目的

了解热电偶冷端温度补偿的原理与方法。

二、实验原理

热电偶冷端温度补偿的方法有:冰水法、恒温槽法和自动补偿法、电桥法。常用的是电桥法,它是在热电偶和测温仪表之间接入一个直流电桥,称为冷端温度补偿器,补偿器电桥在0℃时达到平衡。当热电偶自由温度升高时,热电偶回路电势U_{ab}下降,由于补偿器中PN结呈负温度系数,其正向压降随温度升高而下降,促使U_{ab}上升,其值正好补偿热电偶因自由端温度升高而降低的电势,达到补偿目的。

三、实验仪器

温度传感器实验模板,热电偶,冷端温度补偿器,外接直接电源(+5 V、±15 V)。

四、实验步骤

1. 温度控制仪表设定温度值为50 ℃。
2. 将K型热电偶置于加热器插孔中,自由端接入面板Ek端,并接入数字电压表,电压表量程置于200 mV,合上主控台加热源开关,使温度达到50 ℃,记下此时电压表E型热电偶的输出热电势V_1,并拆去与电压表的连线,如图27.1所示。

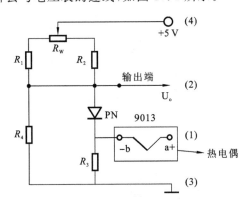

图27.1　温度补偿器线路图

3. 保持工作温度50 ℃不变,将冷端温度补偿器上的热电偶插入加热器另一插孔中,在补偿器4端、3端加补偿器电源+5 V,使冷端补偿器工作,并将补偿器的1、2端接入数字电压表,读取直流电压表上数据V_2。
4. 比较V_1、V_2两个补偿前后的数据,根据实验时的室温与K型热电偶分度表,计算因自由端温度下降而产生的温差值。

五、实验结果及讨论

1. 探讨并分析步骤 4 中温差值代表什么含义,记录输出电压值。

2. 探讨如何降低误差值。

六、实验注意事项

在老师要求下做好实验;在未准备就绪的情况下,不得打开电源开关。

实验二十八 防雷检测

一、实验目的

对建筑物的建筑规模、防护情况进行检测;对实验仪器进行简介;根据建筑规模、功能定位及使用要求确定防雷等级、防雷方案,利用仪器对建筑物的防雷设施进行测量,对测量结果进行分析总结,并得出一份防雷检测报告。

二、实验原理

利用防雷检测仪器套装对学校某一建筑物进行防雷检测。

三、实验仪器

防雷检测仪器套装。

四、实验步骤

1. 学会使用防雷检测仪器套装,通过查找资料,在报告中具体介绍套装中各仪器的用途、使用方法及适用情况。
2. 根据防雷装置检测表中的检测项目,对建筑进行防雷检测,做好检测阐述,并将检测结果填入表内。阐述检测结果时,可以先对常见的防雷装置做介绍(如常见的接闪器型材及规格),再说明本次的检测结果,对于不能得出检测结果的情况,可以采用常见的防雷装置标准。
3. 撰写不少于 8000 字的检测报告。

五、实验结果及讨论

防雷装置检测表

被检单位: 建筑物名称:
检测仪器型号: 土壤状况: 建筑物防雷类别:
检测依据: 检测日期:

序号	检测项目	标准	单位	实测	备注
1	建筑物高度		m		
2	接闪器材型及规格	$\geq \phi 8$	mm		
3	接闪器高度		m		
4	接闪器防腐措施	有			
5	建筑物避雷带网格		m×m		
6	独立针与建筑物距离	≥ 3.0	m		

续表

序号	检测项目	标准	单位	实测	备注
7	保护范围（半径）		m		
8	突出屋面金属物是否接地	是			
9	防侧击雷措施				
10	电源防感应雷措施	有			
11	引下线根数		根		
12	引下线材型及规格		mm		
13	引下线间距		m		
14	引下线敷设方式				
15	接地体类型及规格				
16	防侧击雷接地电阻				
17	设备安全保护接地				
18	防雷接地电阻	≤10	Ω		

保护示意图：

检测结论：

整改意见：

六、实验注意事项

1. 注意保护测试仪器，严格按照说明书使用测试仪器。
2. 对于被检测物的电器来说，严格按照要求，佩戴绝缘手套等绝缘防护。

实验二十九 霍尔、磁电式测速及对比实验

一、实验目的

了解霍尔转速传感器的应用;了解磁电式测量转速的原理;通过两种传感器测速,进行测速性能对比。

二、实验原理

1. 根据霍尔效应表达式 $U_H = K_H \cdot I_B$ 可知,当被测圆盘上装上 N 只磁性体时,圆盘每转一周,磁场就变化 N 次,霍尔电势相应变化 N 次,输出电势通过放大、整形和技术电路就可以测量被测旋转物的转速。

2. 基于电磁感应原理,N 匝线圈所在磁场的磁通变化时,线圈中感应电势为

$$e = -N \frac{\mathrm{d}\Phi}{\mathrm{d}t}$$

因此,当转盘上嵌入 N 个磁棒时,每转一周线圈感应电势产生 N 次的变化,通过放大、整形和计数等电路即可测量转速。

三、实验仪器

1. 霍尔转速传感器,直流源 +5 V,转速调节 2~24 V,转动源单元,转速表。
2. 磁电传感器,转速表,转动调节 2~24 V,转动源。

四、实验步骤

1. 霍尔测速。

如图 29.1 所示,将霍尔转速传感器装于传感器支架上,探头对准反射面内的磁钢。

(1) 将霍尔转速传感器电源输入端(红+黑−)加于 +5 V 直流电源,将霍尔转速传感器输出端(绿或黄)插入频率/转速表输入端,将频率/转速表选择开关按下到转速挡,此时频率表指示转速。

(2) 将 2~24 V 转速电源引入到转动源插孔(左+右−),同时选电压表为内测(20 V),此时电压表显示的就是 2~24 V 转速电源的准确电压值。

(3) 调节转速:调节电压使转动速度变化,观察频率表转速显示的变化。

2. 磁电式测速。

(1) 磁电式转速传感器按图 29.2 所示安装,传感器端面离转动盘面 2 mm 左右,并且对准反射面内的磁钢。

2. 将磁电式传感器输出端插入频率/转速表输入孔,将频率/转速表选择开关按下到转速挡,此时频率表指示转速。

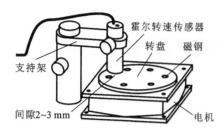
图 29.1 霍尔转速传感器安装示意图

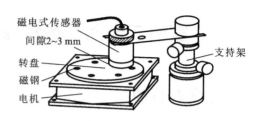
图 29.2 磁电式转速传感器安装示意图

3. 将 2～24 V 转速电源引入到转动源插孔（左＋右－），同时选电压表为内测（20 V），此时电压表显示的就是 2～24 V 转速电源的准确电压值。

4. 调节 2～24 V 转速：调节电压使转速电机带动转盘旋转，逐步增加电源电压，并观察转速变化情况。

五、数据结果及讨论

1. 根据各个传感器测速性能测试实验数据，并加以对比。

2. 分析探讨两种传感器的测试灵敏度。

六、注意事项

在老师要求下做好实验；在未准备就绪的情况下，不得打开电源开关；实验仪器要轻拿轻放，尤其是传感器。

实验三十 霍尔式、电容式、电涡流传感器位移特性及对比实验

一、实验目的

了解霍尔式传感器原理与应用,了解电容式传感器结构及其特点,了解电涡流传感器测量位移的工作原理和特性,并对比这三种传感器测试位移性能。

二、基本原理

1. 利用霍尔效应表达式 $U_H = K_H \cdot I_B$:当霍尔元件处在梯度磁场中运动时,它就可以进行位移测量。

2. 利用平板电容 $C = eA/d$ 和其他结构的关系式:通过相应的结构和测量电路可以选择 e、A、d,三个参数中保持两个参数不变,而只改变其中一个参数,则可以有测谷物干燥度(变 e)、测微小位移(变 d)和测量液位(变 A)等多种电容传感器。

3. 通以高频电流的线圈产生磁场:当有导电体接近时,因导电体涡流效应产生涡流损耗,而涡流损耗与导电体离线圈的距离有关,因此可以进行位移测量。

三、实验仪器

1. 差动放大器,霍尔传感器,直流源 ± 4 V,± 15 V,测微头,直流电压表;
2. 电容传感器,电容变换器,测微头,直流电压表,直流稳压源;
3. 电涡流传感器,电涡流变换器,直流电源,直流电压表,测微头,铁圆片。

四、实验步骤

1. 霍尔传感器位移性能测试。

(1) 将霍尔传感器按图 30.1 所示安装。霍尔传感器与实验面板的连接按图 31.2 所示进行。1、3 为电源(± 4 V),2、4 为输出。R 与 4 之间连线可暂时不接。

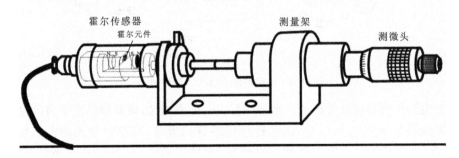

图 30.1 霍尔传感器安装示意图

(2) 开启电源,将测微头旋至 10 mm 处,调节测微头使霍尔片至磁钢中间位置(即电压表显示最小),拧紧测量架顶部的固定螺钉,接入 R 与 4 之间的连线,再调节 W_1 使直流电压表指示为零(电压表置 2 V 挡)。

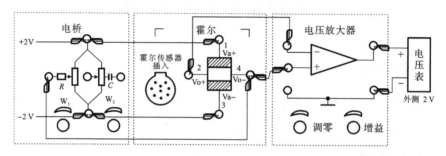

图 30.2 霍尔传感器位移直流激励实验接线图

(3) 旋转测微头,每转动 0.2 mm 或 0.5 mm 时,记下数字电压表读数,并将读数填入表 30.1 中,作出 V-X 曲线,计算不同线性范围时的灵敏度和非线性误差。

2. 电容传感器位移性能测试。

(1) 按图 30.3 所示的安装示意图将电容传感器装于电容传感器实验模板上,插头插在左上角电容传感器的插座内。

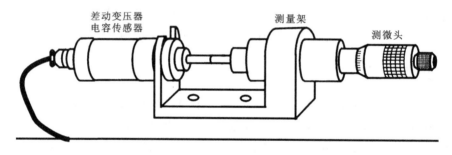

图 30.3 差动变压器电容传感器安装示意图

(2) 将电容传感器连线插入电容传感器实验面板,实验线路如图 30.4 所示。

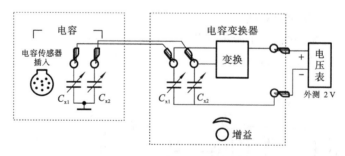

图 30.4 电容传感器位移实验接线图

(3) 强电容传感器实验模板的输出端与直流电压表相接,调节增益至中间位置。

(4) 将测微头旋至 10 mm 处,活动杆与传感器相吸合,调整测微头的左右位置,使电压表显示最小,并将测量支架顶部的螺钉拧紧,旋转测微头,每间隔 0.2 mm 记下位移 X 与输出电压值,填入表 30.2 中。将测微头回到 10 mm 处,反向旋动测微头,重复实验内容。

(5)根据表中数据计算电容传感器的系统灵敏度 S 和非线性误差 δ_f。

3. 电涡流传感器位移性能测试。

(1)根据图30.5所示安装电涡流传感器。

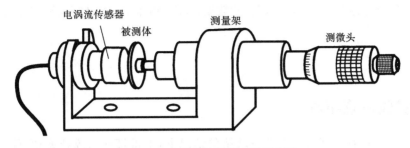

图30.5 电涡流传感器安装示意图

(2)观察传感器结构,这是一个扁平绕线圈。

(3)在测微头端部装上铁质金属圆片,作为电涡流传感器的被测体。

(4)如图30.6所示,将电涡流传感器接入电涡流变换器中,作为振荡器的一个元件(传感器屏蔽层接地)。将电涡流变换器输出端与直流电压表正极相接。直流电压表量程切换开关选择外侧、20 V 挡。

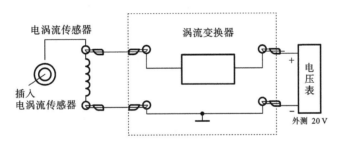

图30.6 电涡流传感器位移实验接线图

(5)使测微头与传感器线圈端部接触,记下直流电压表读数,然后每隔0.2 mm 读一个数,直到输出几乎不变为止,并将结果列入表30.2中。根据表30.3数据,画出 V-X 曲线,根据曲线找出线性区域及进行位移测量时的最佳工作点,试计算量程为 1 mm、3 mm 及 5 mm 时的灵敏度和线性度(可以用端基法或其他拟合直线)。

五、实验结果及讨论

1. 实验数据记录表,如表30.1~表30.3所示。

表30.1 霍尔式位移量与输出电压的关系

X/mm						$-\leftarrow$	10	$+\rightarrow$					
V/mm							0						

表30.2 霍尔式位移量与输出电压的关系

X/mm						$-\leftarrow$	10	$+\rightarrow$					
V/mm							0						

表 30.3　电涡流传感器位移 X 与输出电压数据

X/mm										
V/mm										

2. 根据各个传感器位移性能测试实验数据,画出相应曲线,并计算灵敏度,并加以对比。

六、实验注意事项

在老师要求下做好实验;在未准备就绪的情况下,不得打开电源开关;实验仪器要轻拿轻放,尤其是传感器。

实验三十一 绝缘与回路电阻测量实验

一、实验目的

综合运用所学知识,在理解绝缘电阻耐电压测试仪的工作原理和掌握测量绝缘电阻及回路电阻的操作方法的基础上,通过对电气设备和电气线路绝缘电阻和回路电阻的测试,掌握判断电气设备和电气线路绝缘保护的有效性的测试方法,理解回路电阻测试仪的工作原理,培养设计实验、应用测试仪器和分析处理实验结果的能力。

二、实验原理

1. 绝缘电阻测试原理。

绝缘电阻是指加于试品上的电压与流过试品的泄漏电流之比,即
$$R=U/I$$
式中:U——加在试品两端的电压,V;

I——对应于电压 U 的试品中的泄漏电流,μA;

R——试品的绝缘电阻,$M\Omega$。

从上式可以看出,绝缘电阻 R 与泄漏电流 I 成反比,而泄漏电流的大小又取决于试品绝缘材料的状况,如绝缘材料受潮或严重老化,绝缘性能下降,这时泄漏电流就显著增大,绝缘电阻就显著降低,所以测量电气设备绝缘电阻是了解电气设备绝缘状况的有效手段,而且测量方法简便。

在各种电气设备及供电线路中,绝缘材料绝缘性能的好坏,直接关系到电气设备的正常运行和操作人员的人身安全,而表明电气设备绝缘性能的一个重要指标就是绝缘电阻值。绝缘电阻是指用绝缘材料隔开的两部分导体之间的电阻。绝缘材料在使用中,由于发热、污染、锈蚀、受潮及老化等原因,其绝缘电阻值将降低,进而可能造成漏电或者电路事故,因此必须定期对电气设备和供电线路做绝缘性能检查测试,以确保其正常工作,预防事故的发生。

2. 回路电阻测试原理。

电力变压器、开关、断路器等设备的回路电阻很小,只有用很高的检测电流才能保证一定的精度和抗干扰能力,这是由于电力变压器、开关、断路器等设备的动、静触头之间存在氧化膜。如果用较小的电流检测,氧化膜对检测结果的影响会偏大,但在大电流下检测时氧化膜就会被击穿,对检测结果影响就比较小。理论上,检测电流只要不超过额定电流,应该至少大于 100 A。

回路电阻测试仪的设计采用了高可靠性的大功率集成电路,由直流恒流源、前置放大器、A/D 转换器、显示装置等部分组成(见图 31.1),是具有毫欧、微欧量程的低值电阻测量仪,操作简单,可一键测量回路电阻、导线电阻、线圈电阻等,且测试电流能自动稳流,保证了测试数据的稳定、可靠。

回路电阻测试仪在测量时,由高频开关电源输出 100 A 或更大的电流,施加于被测电阻

的两个端钮之间,通过电压采样处理单元采集电流流过被测电阻所产生压降的模拟信号,经前置放大器放大后,由 A/D 转换器将模拟信号转换成数字信号,再经微处理器对数据进行滤波、运算、处理。根据串联电路电流处处相等的原理,通过欧姆定律 $R=U/I$,由负载两端的压降 U 和回路中的电流 I 之比得出被测体的直流电阻值,如图 31.2 所示。

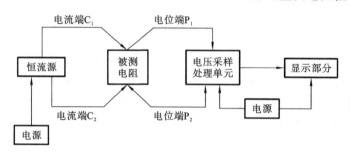

图 31.1　回路电阻测试仪结构原理

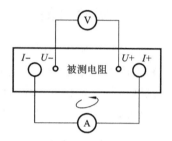

图 31.2　回路电阻测试仪
工作原理示意图

三、实验仪器

1. 测量绝缘电阻用 HF2683B 绝缘电阻测试仪;
2. 测量回路电阻用 BC1770B 回路电阻测试仪;
3. 待测物:若干。

四、实验步骤

1. 测量绝缘电阻。

首先明确注意事项。绝缘电阻表应在被测电气设备不带电情况下进行测量,所以必须按正确断电要求将被测设备退出运行,并做好相应的安全防护。大电感和电容性设备断电后还必须充分放电才能测量。待测设备应进行测量前处理,如拆除无关线路,对接线部位进行清洁处理等。

（1）检查测试仪外观以及配套装置。

（2）按动"复位/测试"转换开关,使其处于复位状态。

（3）连接被测物体,即用两根测试线将被测物体的两端与本机测试端相连,红色为正电压,黑色为负电压。

（4）电压输出值,即按动"电压调节"按钮,选择测试电压:

① 测量变压器绕组间的绝缘电阻;

② 测量空调的绝缘电阻;

③ 测量电线(带有电源插头)的绝缘电阻;

④ 测量电源控制箱的绝缘电阻。

（5）按下"复位/测试"转换开关到测试状态,进行测试。

（6）观察显示值,显示的数值就是被测物的绝缘电阻数值。高阻状态下,随着测试时间的延长,电阻值稍有缓慢增加,属正常现象。若只在最高位显示"1",则表示已溢出,所测绝缘电阻值已超出量程范围。

(7) 按下"测试/复位"转换开关到复位状态,使测试端无电压输出,结束本次测试。

常用电气设备绝缘电阻合格值:新装和大修的低压线路和设备,其绝缘电阻不低于 0.5 MΩ;对运行中的电路和设备,绝缘电阻的要求降低为每伏工作电压 1000 Ω;在潮湿的环境下,要求可降低为每伏工作电压 500 Ω;携带式电气设备的绝缘电阻不低于 2 MΩ;配电盘二次线路的绝缘电阻不应低于 1 MΩ,在潮湿环境下可降低为 0.5 MΩ。

2. 测量回路电阻。

(1) 检查测试仪外观,以及配套装置。

(2) 接线:采用四端子接法接线,如图 31.3 所示,红色测试线接红色接线柱,接头大小分别对应,黑色测试线与红色测试线接法一致。测试线分别与开关一端相接,同时短接测试线。

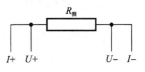

图 31.3 四端子接法

(3) 打开测试仪开关。

(4) 按"测量/打印"键即可。

(5) 测量显示值后,需保存数据,按"测量/打印"键 3 s 后即可打印数据。

(6) 测量结束后,请关掉电源。

五、实验结果及讨论

1. 记录每次测量结果于表 31.1、表 31.2 中。

表 31.1 绝缘电阻记录表

被测物					
绝缘电阻值					

表 31.2 回路电阻记录表

被测物					
回路电阻值					

2. 分析回路电阻测量原理。

六、实验注意事项

1. 绝对不能在有电压输出的情况下,连接或拆卸被测物体,防止被电击。
2. 不要在高温、潮湿、多尘的环境下工作或存放仪器。
3. 非合格的操作人员和不相关的人员应远离高压测试区。
4. 在高压测试进行中,绝对不碰触测试物件或任何与待测物有连接的物件。
5. 万一发生任何问题,请立即关闭高压输出和输入电源。

实验三十二　智能型预警系统实验

一、实验目的

离子感烟报警探测器可以对发生的火灾进行自动报警,集散型的生产场地会自动地进行安全检测,掌握这一系统是怎样进行报警的。

二、实验原理

离子感烟报警探测器是应用烟雾粒子改变电离室电流的原理制成的。它有两个互相串联的电离室:一个与检测环境隔绝,成为内电离室;一个与检测环境相通,成为外电离室。在内、外电离室内各有一块放射源镅(AM241)片,不断发射出 α 粒子,使电离室内部空气电离,产生正负离子。在电离室加一电压,正、负离子在电场的作用下分别向负、正极板运动形成离子电流。当电极电压恒定时,离子电流也是恒定的;电压变化,电流也相应变化,形成图 32.1 所示的伏安特性曲线。

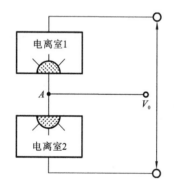
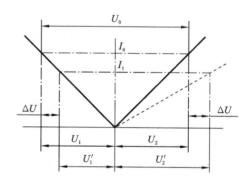

图 32.1　感烟报警器工作原理

由曲线可知,在无烟进入外电离室的情况下,外加电压 U_0 等于内外电离室电压之和,即 $U_0 = U_1 + U_2$,此时电流为 I_0。火灾发生时,烟雾粒子进入外电离室,由于烟雾粒子的直径远超过被电离的空气离子,就会对离子产生阻挡和吸附作用,导致离子电流由 I_0 下降到 I_1。此时的 U_0 不变,但 U_1 已改变为 U_1',U_2 已改变为 U_2',其关系式为

$$U_0 = U_1 + U_2'$$
$$U_1 - U_1' = U_2 - U_2' = \Delta U$$

ΔU 引起电离室分压点 A 的电位变化,这一变化是通过场效应管来完成高内阻的电离室与电子线路间的阻抗变换而输出的。这就构成了烟雾探测的传感元件,实现了烟雾浓度向电位的转换。

三、实验仪器

1. 本实验采用 JB-QBZ2-CBI/127 型火灾报警控制器,它是将火灾探测器探测到的现场

信号存放在存储器中,并按照预定的计算方法对信号进行数据处理,从而做出系统正常、发生故障、发现火情等判断,并在出现异常时发出声光报警信号,数码管显示其地址编码(或房间号)。

2. 主要技术指标。

温度:-10～$+50$ ℃。　　　　　　　　相对湿度:小于等于92%。

交流电源:AC 220 V,50 Hz。　　　　　直流电源:DC 24V/7A。

整机功率:小于等于50 W。　　　　　　回路:单回路。

安装尺寸:两安装孔中心距为175 mm。　外形尺寸:450 mm×315 mm×100 mm。

3. 面板显示屏、指示灯。

(1)"时间"显示屏:正常情况下显示时间,当第一次报火警时,显示时间锁定,此时,内部时钟仍在继续计时。内部时钟不受主、备电源断电影响。

(2)"首次报警"显示屏:火警状态下,显示首次火警的编码号。显示时,"首次报警"屏上6个数码管中左起第1位、第2位无显示,第3位数为回路号,第4、5、6位数显示编码地址号;当编码部件发生故障时,该屏则循环显示发生故障的编码地址号;当回路发生短路故障时,"首次报警"屏上第3位数码管显示"0",其他几位数码管无显示。

(3)"报警总数"显示屏:火警时,显示火警总数;故障时,显示故障总数。

(4)"后续报警"显示屏:火警状态下,当只有一个编码地址号报火警时,该屏与"首次报警"一样显示该火警地址;当有多个火警信号时,则循环显示发生火警的地址号。测试电流时,显示被测编码地址号的电流数据。

(5)巡检发光板:当系统正常时,绿色发光板以约 7 s 为周期发亮。

(6)故障发光板:系统出现故障时,黄色发光板常亮。

(7)火警发光板:报火警时,红色发光板常亮。

(8)基本功能指示灯。

键盘有效:灯亮时,方能使用键盘操作。

主电故障:当市电停电或主电电路故障时,灯亮。

主电工作:主电源处于工作状态时,灯亮;主、备电同时工作时,主电工作灯亮。

参数设置:设置参数、执行命令时,灯亮。

开闭:当系统中有设备被屏蔽时,灯亮。

消音:按下消音键,灯亮。

备电故障:当备电电池及备电源发生故障时,灯亮。

备电工作:开备电源主电时,灯亮。

四、实验步骤

感烟报警探测器是串联在一起的,那么把它们依次排开,使每个同学观察一个感烟报警探测器,放一些可以产生烟雾的物质在探测器附近,同时注意观察探测器和智能型预警系统的反应,如"首次报警"显示屏、"后续报警"显示屏的变化和报警总数等。

五、实验结果及讨论

1. 根据实验操作过程中的探头位置和感烟报警探测器的工作原理,结合在主机面板上部所呈现的数据情况进行分析。

2. 这种感烟报警探测器在现实生活中一般应用在哪些场所？

六、注意事项

1. 产生烟雾的物质选择要得当，以免发生火灾等事故，造成不良后果。
2. 实验结束后要及时清理探测器内部的烟雾，使探测器能够自动回复到未发生火灾时的初始状态。

第三部分 综合实践与实训部分

实践一　脆弱的地球

一、活动的目的和要求

1. 了解和掌握地球的结构与功能；
2. 培养学生观察自然现象的能力；
3. 了解地球的脆弱性及人类对地球的影响，培养学生对自己生活地区的责任感；
4. 培养学生的参与意识和环境意识。

二、活动内容

1. 活动设计。

（1）按照不同的主题分组收集我们所生活地区的资料，可供选择的主题包括地球的结构、地球的功能、地球的演变、地球是一个复杂的系统、自然现象与自然灾害、人类对地球环境的影响等，要求学生收集的资料尽可能详细并具有生动的实例。

（2）调查资料的场所及对象：学校图书馆、社会图书馆、电子图书馆、网络资料库和政府气象部门、校园气象站等。做好详细的记录。

（3）人口对地球环境的影响：调查统计所在地区、城镇及家庭的人口变化，分组收集人口爆炸对土地、森林、城市化和环境的影响。

2. 课堂讨论：每个小组对所收集的资料进行分类、辨别和总结，并把自己的观点用图片、表格和 PowerPoint 等方式在课堂上进行演示和表达，每个小组发言后，留 5～10 min 提问和讨论的时间。

3. 总结：教师和学生一起归纳总结地球结构与功能及其系统性和复杂性；强调地球环境的变化；关注随着社会的发展，人类对地球的影响；让学生认识到地球的脆弱性。

实践二　大气污染、淡水危机和资源枯竭

一、活动的目的和要求

1. 了解环境污染的种类和危害；
2. 鼓励学生在家庭、学校和社会中能够发现环境问题；
3. 熟悉减少环境污染、避免受到伤害和善用资源的可能途径。

二、活动内容

1. 活动设计，要求每5人一组，以组为单位交调查总结报告。
（1）衡阳市城市绿地建设情况调查；
（2）衡阳市洗车行业用水情况调查；
（3）衡阳市湘江沿岸垃圾现状调查；
（4）衡阳市建筑垃圾现状及综合利用情况调查。
（5）湖南工学院校园（鄱湖校区）垃圾现状调查与分析；
（6）湖南工学院校园（鄱湖校区）能源利用情况调查；
（7）湘江水污染现状调查；
（8）湖南省水资源现状调查；
（9）湖南省四大水系水污染现状调查。

> **注意：**
> 调查报告的内容每年根据具体情况做适当的调整。

2. 课堂讨论：就调查的结果开展讨论，需要学生提供事实和证据以支持自己的观点，分析原因和改善的可能途径。

3. 总结：教师在总结时，要注意引导学生了解环境现状及其发展趋势，听取和保留不同意见，鼓励学生思考环境和资源问题；培养学生爱护环境和善用资源的生活方式，并支持学生以实际行动保护和改善环境；和学生一起讨论控制大气污染、节约淡水和控制垃圾的具体方法和措施，鼓励学生在学校、社区和家庭中进行宣传或采取一些可能的行动。

实训一　正压氧气呼吸器的检查和使用

一、实训目标

1. 了解正压氧气呼吸器的工作原理及应用；
2. 掌握正压氧气呼吸器的检查及佩戴方法。

二、任务描述

当人体处于中等劳动强度时，定量供氧可以满足人体对氧气的需求。随着人体劳动强度的增大，正压氧气呼吸器气囊内压力达到需求阀开启压力，弹簧压板接触需求阀，使需求阀开启，中压气体通过需求阀向气囊内充氧以满足人体对氧气的需求。系统内的正压形成，是依靠正压弹簧压板压缩气囊及需求阀的有效供氧，使呼吸系统内始终保持正压。吸气时，气囊内的低压气体通过吸气冷却装置、吸气管、吸气阀到面罩；呼气时，人体从面罩呼出的气体通过呼气阀、呼气管、清净罐到气囊。呼出的气体逐渐增多时，正压弹簧被压缩，同时弹簧压板位置逐渐上升。呼吸系统内压力达到排气阀开启压力时，排气阀阀片被弹簧压板顶开，排除气囊内多余气体；需要更多气体迅速把气囊充鼓时，可以使用手动补给装置进行大流量补气。

三、任务准备

使用前对正压氧气呼吸器的外观进行检查，其中包括面罩、呼吸管、压力表、压力表导管、背具、壳体、高压氧气瓶、清净罐、吸气冷却装置、气囊、正压弹簧、联接螺母。

四、知识要点

使用前对正压氧气呼吸器的性能进行检查，检查内容及步骤如下。

1. 确定定量补给阀、自动补给阀、报警器、压力显示器正常工作。

（1）将气瓶开关手柄沿着逆时针方向缓慢旋转到底，瞬间可听到报警声音，同时需求阀发出自动补给氧气的声音。为确认需求阀是否开闭正常，可反复用手指按压排气阀的突起部（阀轴），听需求阀开闭声音。

（2）气瓶开关手柄沿着顺时针方向关闭后，气囊能够继续缓慢膨胀，直至压力显示器数值回零。当压力下降至 4~6 MPa 时，要确认瞬间余压报警声音。

2. 气密性的确认。

关闭气瓶开关后，若在 20 s 内发出警报声响及压力显示器数值回零，说明高压气密不良；压力显示数值正常回零后，确定气囊在 15 s 内不会瘪掉。若气囊发生瘪缩现象，则请再次确认联接螺母是否旋紧旋正。而后，再次进行气密性确认，否则，呼吸器不能使用。

3. 排气阀的动作确定。

用手指按压自动排气阀的突起部（阀轴）一次，随后立即放开。请确认以下情况：当手指按下时气囊缓慢瘪缩;在手指离开的同时,气囊瘪缩现象就能停止。

4. 上述过程完成后,应按压自动排气阀放净气囊中的气体,否则,报警器会长时间报警。

五、实训过程

佩戴程序主要有以下三个步骤。

1. 佩戴前的准备工作。

(1) 面罩视窗防雾措施:面罩视窗采用最先进的防雾技术,直接佩戴面罩就能保持面罩镜片的透明亮彻。

(2) 将冰块装入吸气冷却装置:本机另外配置一个冰盒作为冷冻冰块之用,将水放入冰盒,在冰柜冷冻,需用时取出冰块放入呼吸器冷却器的冰盒中,再把橡胶盖盖好即可。

2. 佩戴程序及方法,应按下列步骤佩戴呼吸器。

(1) 将呼吸器背面朝上放在台子上或地下,放松下调整带 5~7 cm。

(2) 两臂穿过肩带,握住呼吸器两侧,使呼吸器背部朝向佩戴人员,顶部朝下。将呼吸器抓起,绕过头顶沿背部滑下,肩背带自然地套在肩上。

(3) 上身稍向前倾,拉近左右两侧的上调整带,使呼吸器向背部朝向套肩。调整肩带,使呼吸器处于背部合适位置,即重量基本上分布在臀上部而不是在肩部。

(4) 调整并扣紧腰带,使呼吸器紧贴臀部的上部。调整并扣上胸带,以不影响呼吸为准。

(5) 先将面罩头带完全放松,一手将面罩的下颚对准下巴,并上提面罩,同时用另一只手将面罩网套套在头部,对好位置,拉紧头带,直至感觉到面罩贴附严密、舒适为止。

(6) 佩戴好面罩后,将右手迅速移至右侧臀部位置,逆时针方向缓慢旋转瓶阀手轮,直至完全打开,此时听到短促的提示声音,说明瓶阀已经打开。

(7) 观察压力表指示值,必须在 18 MPa 以上,最高不超过 22 MPa,佩戴好安全帽就可以开始正常工作。

3. 佩戴后的脱卸方法。

(1) 逆时针方向旋转瓶阀手轮,直至完全关闭。

(2) 摘下安全帽,放松面罩,取下面罩。

(3) 打开胸带卡子及腰带卡子,一手松开其中一个肩带,另一只手握住一个肩带,使呼吸器从松开肩带的一侧肩膀滑下,把呼吸器转到胸前取下。

六、注意事项

1. 使用前必须进行外观检查和性能检查,在检查过程中发现异常的呼吸器严禁使用,否则会导致人身事故。

2. 清净罐内所填装的氢氧化钙需经检验合格,未使用时间周期不得超过三个月。若超过规定期限不更换吸收剂,在使用中可能会出现二氧化碳中毒。

3. 打开氧气瓶时,一定要缓慢打开气瓶开关,快速打开气瓶开关可能导致燃烧等事故。

4. 使用过程中严禁投掷、摔落呼吸器,或在呼吸器上施加强烈的冲击,否则可能造成呼吸器的损坏。

七、总结与思考

1. 正压氧气呼吸器是如何完成自动供养和手动供养的转换过程？

2. 正压氧气呼吸器的佩戴注意事项有哪些？

实训二　个人常用防护用品使用

一、实训目标

1. 了解个人常用防护用品的使用原理；
2. 掌握个人常用防护用品的使用方法。

二、任务描述

1. 个人防护装备的组成。
（1）基本防护装备包括：安全帽、防护服、防护手套、安全腰带、消防员灭火防护靴、安全带、护目镜等。
（2）特种防护装备包括：消防隔热服、防核防化服、防辐射眼镜、防爆服、电绝缘装具（含服装、手套、靴子）、防静电服、防高温手套、氧气呼吸器、强制送风呼吸器、消防过滤式综合防毒面具等。
2. 消防过滤式自救呼吸器的使用原理。
消防过滤式自救呼吸器是一种自给开放式空呼吸器，又名防烟防毒面具，或火灾逃生面具。它是一种保护人体呼吸器官不受外界有毒气体伤害的专用呼吸装置。它利用滤毒罐内的药剂、滤烟元件，将火场空气中的有毒成分过滤掉，使之变为较为清洁的空气，供逃生者呼吸用。其中，头罩采用阻燃棉布制造，防止火场中高温辐射对逃生者头部的伤害；滤毒罐具有滤毒层、滤烟层；滤毒层采用触媒剂及浸渍优质活性炭；滤烟层采用超细纤维材料，可以有效地防止毒烟、毒雾、一氧化碳、氰化氢、氯化氢、丙烯醛、氟化氢、氧化氮、溴化氢、二氧化硫及火场中常见毒气对人的伤害。

三、任务准备

准备防护服、消防过滤式自救呼吸器、安全带、安全腰带、安全帽、护目镜、担架、防辐射眼镜、防护手套。

四、实训过程

1. 消防过滤式自救呼吸器的佩戴。
（1）打开盒盖，取出呼吸器。
（2）拔掉呼吸器罐上下两个橡胶塞。
（3）把呼吸器套在头上。
（4）向头后方向拉紧红头带，调整眼窗，迅速撤离火区；逃离后，用右手拿住过滤罐向头部前上方推脱掉呼吸器。
2. 安全带的使用方法。
安全带应该高挂低用，注意防止摆动碰撞。若安全带低挂高用，一旦发生坠落，将增加冲击力,带来危险。安全绳的长度限制在1.5～2.0 m,不准将绳打结使用,也不准将钩直接挂在安全绳上使用,应挂在连接环上使用。安全带上的各种部件不得随意拆掉,使用两年以上的安全带应抽检一次。

3. 安全帽的正确佩戴方法。

(1) 安全帽在佩戴前,应调整好松紧大小,以帽子不能在头部自由活动,且自身未感觉不适为宜。

(2) 安全帽由帽衬和帽壳两部分组成,帽衬必须与帽壳连接良好,同时帽衬与帽壳不能紧贴,应有一定间隙,该间隙一般为2～4 cm(视材质情况)。这样,当有物体附落到安全帽壳上时,帽衬可起到缓冲作用,不使颈椎受到伤害。

(3) 必须拴紧下颚带,当人体发生附落或二次击打时,不至于脱落。由于安全帽戴在头部,起到对头部的保护作用。

(4) 安全帽应戴正、帽带系紧,帽箍的大小应根据佩戴人的头型调整箍紧;女生佩戴安全帽应将头发放进帽衬,进入车间不允许穿高跟鞋。

4. 担架的使用方法。

搬运者三人并排单腿跪在伤员身体一侧,同时分别把手臂伸入到伤员的肩背部、腹臀部、双下肢的下面,然后同时起立,始终使伤员的身体保持水平位置,不得使身体扭曲;三人同时迈步,并同时将伤员放在硬板担架上。发生或怀疑颈椎损伤者应再由一人专门负责牵引、固定头颈部,不得使伤员头颈部前屈后伸、左右摇摆或旋转,且四人动作必须一致,同时平托起伤员,再同时放在硬板担架上。起立、行走、放下等搬运过程,要由一人指挥号令,统一动作。搬运者也可分别单腿跪在伤员两侧,一侧一人负责平托伤员的腰臀部,另一侧两人分别负责肩背部及双下肢,仍要使伤员身体始终保持水平位置,不得使身体扭曲。

五、注意事项

1. 实践过程中,请同学们一定要相互配合,共同完成。
2. 佩戴自救呼吸器之前,要检查生产日期。
3. 安全带在每次使用前要进行检查,发现异常应立即停用更换。

六、总结与思考

安全带使用注意事项有哪些?

实训三　人体尺寸测量

一、实训目标

1. 掌握使用人体测量仪器；
2. 遵照 GB/T 5703—1999 掌握人体测量方法；
3. 遵照 GB/T 5703—1999 掌握使用人体测量术语；
4. 根据人因工程特点对测量群体进行统计分析；
5. 实验要点是为课程设计提供基础测量数据，并能灵活地将测量参数、统计参数用于人因工程设计。

二、任务描述

通过测量人体各部位尺寸来确定个体之间和群体之间在人体尺寸上的差别，用以研究人的形态特征，从而为各种工业设计和工程设计提供人体测量数据。这些测量数据对工作空间的设计，机器、设备设计以及操纵装置等具有重要意义，并直接关系到合理地布置工作地，保证合理的工作姿势，使操作者能安全、舒适、准确地工作，减少疲劳和提高工作效率。

人体测量的统计结果作为人体结构参数、功能参数，对于设计特定的机器设备环境具有很重要的作用。在实际工作中，常采用舒适性、安全性、效率、经济性几种指标来评价人机环境匹配程度，其用途极其广泛。在实际应用中还需决定适应度、经济性，有时还不可忽视衣着调整量。

三、任务准备

1. 准备、调试好人体尺寸测量设备（见图 3.1），主要有身高体重计、BD-Ⅱ-605A 型人体形态测量系统。
2. 熟练人体测量尺的方法。
3. 熟练掌握游标卡尺的使用方法。

四、知识要点

为使各种与人体有关的设计能符合人的生理特点，让人在使用时处于舒适的状态和适宜的环境中，就必须在设计中充分考虑人体的各种尺度。因此，设计者必须了解有关人体测量学方面的知识，并能熟悉有关设计形势发展必须考虑的人体测量基本数据、性质和使用条件。人体测量是指对人的身体各方面特征数据的度量，特别是人体的尺寸，来确定个体和群体在人体尺寸上的共性及特性，以及个体之间和群体之间在人体尺寸上的差别，从而研究人的形态特征，为工业设计和工程设计提供数据。

影响人体测量数据的因素主要有区域、民族、性别、年龄、种族、生活状态、年代等。从大

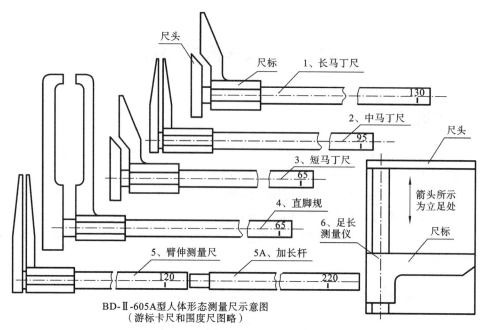

图 3.1 人体尺寸测量工具——马丁尺

量的劳动科学、医学、人类学调查中可知,随着上述影响因素不同,测量参数有所差异,因此在人机功能分配、择业时也就会有差异。

五、实训过程

1. 身高、体重测量。

将身高体重计测高杆掀起,被试赤脚立正姿势站在脚踏板上,上肢自然下垂,足跟并拢,足尖分开成 60°。足跟、骶骨部及两肩甲间与标尺相接触,躯干自然挺直,头部正直,两眼平视前方,以保持耳屏上缘与眼眶下缘呈一水平。主试站在被试侧面,将滑尺沿标尺杆下移,轻压被试头顶(将头发压实)。主试两眼与滑尺呈水平时读数记录,完毕后将滑尺上推至安全高度,同时记录体重。

2. 坐高测试(或借用臂伸测量尺)。

被试坐在椅子上坐好,躯干自然挺直,头部正直,两眼平视前方,以保持耳屏上缘与耳眶下缘呈以水平,两腿并拢,大腿与地面平行,小腿尽可能与大腿呈直角,上肢自然下垂,双足踏在地面上。主试站在被试侧面,将滑尺沿标尺杆下移,轻压被试头顶。主试两眼与滑尺水平时读数记录,完毕后将滑尺上推至安全高度。

3. 其他人体尺寸测量。

测量时应在呼气与吸气的中间进行,其次序为从头向下到脚;从身体的前面,经过侧面,再到后面。测量时只许轻触测点,不可紧压皮肤,以免影响测量的准确性。某些长度的测量,既可用直接测量法,也可用间接测量法——两种尺寸相加减。

人体形态测量系统使用以下量具和方法。

(1) 长马丁尺:测量下肢长。将尺子垂直于地面,移动尺标至测量点,尺标所对应的数字即为离地面的高度。

(2) 中马丁尺:测量上肢长、上臂长、前臂长、手长等。移动尺标至测量点,目标物夹在尺头与尺标之间,读取数字即为长度。

(3) 短马丁尺:测量大腿长、小腿长和跟腱长等。将尺子垂直于地面,移动尺标至测量点,尺标所对应的数字即为离地面的高度。

(4) 直脚规:测量肩宽、骨盆宽、胸宽和胸厚等。移动尺标至测量点,目标物夹在尺头与尺标之间,读取数字。

(5) 臂伸测量尺:测量臂伸、身长等。移动尺标至测量点,目标物夹在尺头与尺标之间,读取数字。如测量长度不够,可将加长杆插入尾端。

(6) 足长测量仪:测量足长。移动尺标,将单足放于底板之上,并轻处于尺头与尺标之间,读取数字。

(7) 游标卡尺:测量手宽、足宽等。松开游标上的螺钉,移动游标至测量点,将目标物夹在尺头与尺标中间,所对应的数字即为测定点的长度。

(8) 围度尺:测量胸围、腰围、臀围、上下肢体及其他人体曲线的围度。先将卷尺绕在测量点上(注意不要缠得太紧),即可读取数字。

4. 测量人体的主要指标,填入表3.1～表3.5中。

表3.1 被实验者基本信息统计表

姓名	性别	年龄	出生年月	籍贯	民族	职业	测量项目

表3.2 人体足部主要尺寸

测量项目	男性				女性			
实测值 百分位数 标准差	5%	50%	95%	σ	5%	50%	95%	σ
足长								
足宽								

表3.3 人体主要尺寸

测量项目	男性				女性			
实测值 百分位数 标准差	5%	50%	95%	σ	5%	50%	95%	σ
身高								
眼高								
肩高								
体重								
上臂长								
前臂长								
大腿长								
小腿长								

表 3.4　人体坐姿主要尺寸

测量项目	男性				女性			
实测值 百分位数 标准差	5%	50%	95%	σ	5%	50%	95%	σ
坐高								
坐姿颈椎点高								
坐姿眼高								
坐姿肩高								
坐姿肘高								
坐姿大腿厚								
坐姿膝高								
小腿加足高								
坐深								
臀膝距								
坐姿下肢长								

表 3.5　人体立姿主要尺寸

测量项目	男性				女性			
实测值 百分位数 标准差	5%	50%	95%	σ	5%	50%	95%	σ
眼高								
肩高								
肘高								
手功能高								
会阴高								
胫骨点高								

六、注意事项

1. 测量时,被试应尽可能少着装,且免冠赤脚。注意身体对称,对于可以在身体任何一侧进行的测量项目,建议在两侧都进行测量,如果做不到这一点,应注明此测量项目是在哪一侧测量的。

2. 仪器应置于平坦地面。站立面(地面)、平台或坐面应是平坦、水平且不可变形的。

3. 立姿时,要求自然挺胸直立;坐姿时,要求端坐。

七、总结与思考

1. 怎样针对人体测量参数的诸因素进行统计分析?要求减少误差、精度使用。

2. 比例系数的采用依据和意义及影响因素有哪些?

3. 自选一日常生活、工作工具或人机环境,就有关人体测量参数应用进行讨论。

实训四　微气候测定与评价

一、实训目标

1. 掌握微气候条件的测量方法;
2. 了解微气候条件对人体的影响及相互关系;
3. 实验要点:根据测量结果以 PMV 及 PPD 作为评价方法来综合评价微气候条件。

二、任务描述

微气候条件又称生产环境的气候条件,是指生产环境局部的气温、湿度、气流速度以及工作现场设备、产品零件和原材料的热辐射条件。各种微气候条件对人体的影响可以相互替代,某一条件的变化对人体的影响可以由另一条件的相应变化来补偿。人体的体温控制是一个完善的温度调节系统,尽管外界环境温度千变万化,人体的体温波动却很小,这对于保证生命活动的正常进行十分重要。为了生命延续或从事劳动,人体要进行能量代谢,低温、高温使人体散热量增加。人体具有一定的冷适应能力,通过冷应激效应以保持体温恒定,严重低温条件可致冻伤。高温、高湿作业环境条件下,人体通过热应激效应以保持体温恒定,严重时将导致热衰竭。安全舒适的微气候不仅对于提高工作效率、劳动安全十分重要,而且还是人因工程重要的工作条件之一。本实训的主要任务为:

(1) 实验环境微气候调节;
(2) 测定不同环境下的温度、相对湿度、气流速度。

三、任务准备

(一) 熟练各种仪器的使用方法

1. 温湿度计的使用。
(1) 将电源开关推至"ON"位置。
(2) 温度单位选择摄氏度(℃)。
(3) 将 LCD 显示方式切换至主要显示温度(℃)、湿度(%RH)或露点温度值(DEW)。
(4) LCD 显示屏将立刻显示出当时环境温度(℃)及湿度(%RH)或露点温度值(DEW)。
(5) 当改变测试环境湿度时,其值会改变,需等待数分钟,就能读取稳定的湿度(%RH值)。
(6) 如将电源开关推至"HOLD"位置,它将锁住目前所显示的数值。
2. 风速计的使用。
(1) 按下"HOLD/RS-232/1"键,同时打开电源开关(开启设备并启动串行数据传输功能)。

(2) 风速计的测量风扇上有风向箭头,风扇依风向顺风方向握在手上,使风扇依风速大小转动。

(3) 按下"UNIT/3"键,选取风速单位为 m/s(缺省为 m/s)。

(4) 读取液晶显示器上的风速值。

(5) 按下"HOLD/RS-232/1"键即可锁住目前所显示的数值。

3. 大气压力计的使用。

(1) 按下"开"键打开电源开关,系统进入检测状态,显示系统默认大气压 1013.0 kPa。

(2) 数秒后,系统自动进入工作状态,显示大气压力。开机需预热 5 min 后才可正常工作。

(二) 相关设备介绍

1. 环境调节设备包括冷热空调、加湿器、接触调压器、风扇,如图 4.1~图 4.4 所示。

图 4.1　冷热空调

图 4.2　加湿器

图 4.3　接触调压器

图 4.4　风扇

2. 环境测量仪器包括温湿度计、风速计、气压计,如图 4.5~图 4.7 所示。

图 4.5　温湿度计

图 4.6　风速计

图 4.7　气压计

四、知识要点

人体的感觉受着气温、湿度和风速多种因素的综合影响。在温度高、湿度大、风速小三者的散热作用都很弱时,体内热量散失不出去,就会感觉闷热不舒服;相反,当气温低、湿度小、风速大三者的散热条件都很强时,人体就会散热过多,容易引起感冒或其他疾病。因此创造适宜的气候条件,造成良好的工作环境,对保证工人的身体健康和提高劳动生产率是很必要的。相关的概念阐述如下。

1. 照度,是指被照面单位面积上所接受的光通量,即 $E=\Phi/S$,单位为勒克斯(lx)。
2. 声压级,表示声音强弱的物理量,单位为分贝(dB)。
3. 温度,即空气的冷热程度,单位为摄氏度(℃)。
4. 湿度,即空气的干湿程度,这里采用的是相对湿度。
5. 风速,即空气的流动速度,单位为米/秒(m/s)。

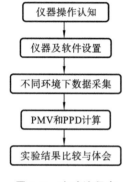

图 4.8 实验流程表

五、实训过程

1. 实验流程,如图 4.8 所示。
2. 仪器及软件设置。

(1) 将温湿度计、风速计和大气压力计通过串口接到安装有"微气候环境分析软件"的计算机上,一般来说依次连接在多串口卡的 P1、P2、P3 接口上。

(2) 运行"微气候环境分析软件",如图 4.9 所示。

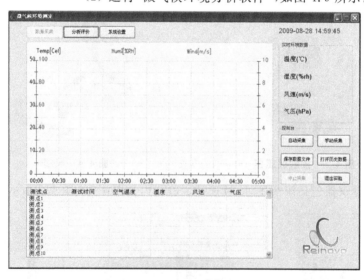

图 4.9 微气候环境分析软件界面

① 点击"系统设置"按钮,弹出登录对话框(见图 4.10),键入密码(初始密码为 888888),进入系统设置界面。

② 根据第一步接线方式选择每个设备所连接的端口,以及该设备使用的波特率(一般的设置温湿度计、风速计和气压计的端口为 COM3、COM4、COM5,波特率均为 9600),还可

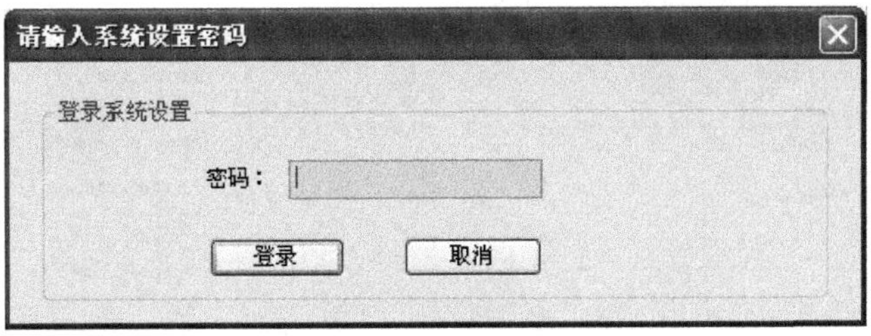

以根据实验需求设置采集的参数,也可以使用默认参数(见图4.11),最后点击"保存设置"保存系统设置(见图4.12)。

图 4.10　登录对话框

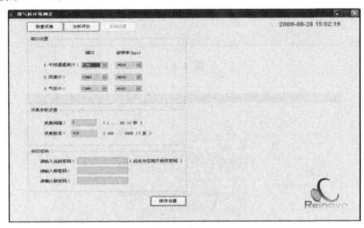

图 4.11　参数设置

图 4.12　保存设置

(3)关闭并重新运行程序。

(4)将温湿度计、风速计和气压计电源打开(风速计需按住"HOLD/RS-232/1"键的同时,按"ON/OFF"按钮至打开,才能使用串口传输数据)。

(5)通过空调调节环境问题;通过加湿器增加环境湿度;通过调节风扇改变作业空间风速,营造不同微气候环境;通过微气候环境分析软件采集环境数据。

(6)保存数据文件为"Excel"格式文件。

(7)设置服装热阻值及不同活动代谢率,计算 PMV 及 PPD 值。

(8)根据 PMV 及 PPD 值进行舒服性比较,如图4.13、图4.14所示。

(9)实验完成后,关闭软件及各种仪器。

3.实验环境设置与选择。

实验物理量参数设置如表4.1所示。

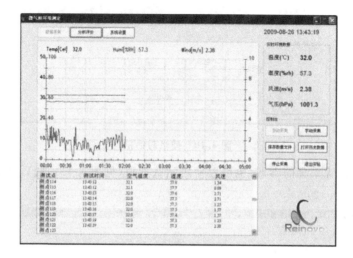

图 4.13

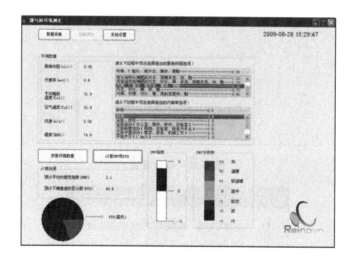

图 4.14

表 4.1 实验物理量参数

实验物理量	单位	参数 1	参数 2	参数 3	参数 4	参数 5
温度	℃	18	20	23	26	30
湿度	%RH	40	50	65	75	85
风速	m/s	0.5	0.8	1.2	1.5	2.0
衣服热阻	clo	0.3	0.7	0.8	1.0	1.25
活动方式		坐姿 放松	坐姿 轻度活动	坐姿 中度活动	步行 2 km/h	步行 5 km/h

注：教师根据实际情况选择几组模拟微气候环境进行实验。

六、注意事项

1. 按下温湿度计、风速计"HOLD"键是锁住目前所显示数值,测量时要注意。
2. 使用大气压力计时,需预热 5 min 后才能正常工作。

七、总结与思考

1. 分析微气候环境评价方法及适用条件。

2. 如何改进微气候环境?应注意什么?

3. 简述学习本实训的体会。

实训五 环境照明与生产效率关系测定

一、实训目标

1. 学习照度计的使用方法;
2. 掌握照明的测量方法;
3. 实验要点是测量作业照明与工作效率曲线;
4. 理解照明条件对工作效率的影响。

二、任务描述

照明对作业的影响,表现为能否使视觉系统功能得到充分发挥。创造舒适的照明条件,不仅对从事手工作业,而且有利于提高从事紧张记忆、逻辑思维的脑力劳动的作业效率。有人研究了不同年龄组的人在不同照度下注意力的集中情况,结果表明:由于照度条件的改善,各年龄组劳动生产率提高的幅度都一样。如果从事的是要求视觉特别紧张的作业,年纪大的人,其工作效率比年轻人更依赖于照明条件。作业性质越是依赖于视觉,对照明条件的要求越高。

照度值增加并非总是与劳动生产率的增长相关的。一般认为,随着照度增加到临界水平,作业效率迅速提高;照度在临界值以上,作业效率平稳;再增加照度,则不能提高作业效率。本实训的主要任务为:

(1) 简单方法测定和计算反射率;
(2) 数据采集并绘制等照度曲线;
(3) 绘制照明-工作效率曲线。

三、任务准备

1. 环境调节设备:实验台一套,可调照明灯一套,刻度板一块,直尺一把,穿针用可调固定器一台,剪刀JG150一把,针线一盒。
2. 测量仪器:数字照度计一台。
3. 熟练照度计的使用方法。
(1) 按下"ON/OFF"键,打开电源开关。
(2) 取下光探头盖,将量程开关拨至适当位置(RANGE)。
(3) 读取照度计LCD显示屏上的测量值。
(4) 读取测量值时,如出现"1"或者"0",就表示超出最大测量值,应立刻选择较高量程。选取"20000 Lux/Fc"量程时,所显示测量值需要乘以10倍才是测量的真值。
(5) 测量完闭,关闭电源开关并盖上探头盖保护探头(长时间不使用,建议取下电池单独存放)。

图 5.1　环境照明场景图　　　　图 5.2　数字照度计

四、知识要点

照明对作业的影响,表现为能否使视觉系统功能得到充分发挥。明视觉好是中心视力好,暗视觉好是周边视力好。人的眼睛能够适应从$(-3\sim10)\sim(5\sim10)$ lx 的照度范围。为了看清物体,使物体成像集结在视网膜的中心窝处,就得通过眼球外部六根眼肌(内、外、上、下直肌、上、下斜肌)的收缩使瞳孔的睫状肌的收缩或舒张使晶状体变厚,增加眼睛的折光能力;通过虹膜使晶状体变薄,减弱折光能力,来调节眼睛看近物和远物的能力。通过瞳孔括约肌的收缩和瞳孔开大肌的收缩,使瞳孔缩小,减少强光进入眼内;使瞳孔开大,增加弱光进入眼内。眼肌的经常反复收缩,极易造成眼睛的疲劳,其中,睫状肌对疲劳的影响尤为严重。

据实验表明:照度自 10 lx 增加到 1000 lx 时,视力可提高 70%。视力不仅受注视物体亮度的影响,还与周围亮度有关。当周围亮度与中心亮度相等,或周围稍暗时,视力最好;若周围比中心亮时,则视力会明显下降。

在照明条件差的情况下,作业者长时间反复辨认对象物,使明视觉持续下降,引起眼睛疲劳,严重时会导致作业者全身疲劳。眼睛疲劳的自觉症状有:眼球干涩、怕光眼痛、视力模糊、眼球充血、产生眼屎和流泪等。改善照明条件不仅可以减轻视觉疲劳,而且也会提高工作效率。这是因为提高照度值可以提高识别速度和主体视觉,从而提高工作效率和准确度,达到增加产量、减少差错、提高产品质量的目的。

五、实训过程

1. 反射率测定。

如果选择的照度计具有串行通信接口(RS232C),需要先进行(1)、(2)步操作。如果没有串行通信接口照度计,需要在软件中手工录入照度数据。

(1) 将照度计连接到计算机的串口上。

(2) 运行"环境照明数据采集与分析软件",并进入系统设置修改相应的端口和波特率设置(一般选端口1,照度计的波特率为 9600)。

(3) 重启程序。将照度计光探头盖取下,将照度计电源打开,按"RANGE"键选取"2000 Lux"量程。

(4) 用简单的方法估算和测定工作台面、实验室地面、墙面反射率。

在实验室自然采光条件下,分别测定工作台面、地面、墙面的明照度、暗照度。

首先,在工作台面、地面、墙面选择测点,该测点应远离其他物体,特别是测点与其他物体采光面不构成反射角为最好;再在该测点安装照度计光探头。光探头朝向光源采光处所测得的照度值为明照度;光探头背向光源采光面,测点刚刚不被探头挡住为最好,所测得的照度值为暗照度。

反射率估计值计算公式为

$$反射率估计值=(暗照度值÷明照度值)×100\%$$

2. 测定并绘制工作台面等照度曲线。

(1) 打开人工照明光源,遮蔽自然采光,调节调光灯至自我感觉舒适,称其为自感舒适状态照明。

(2) 确定测点。将均分为 $10×10$ 小格正方形的等照度测试面板放在照明光源正下方,取每个格子中心为测点。将照度计的光探头从左下到右上依次测量每个格子的照度。照度计读数稳定后记录在列表框中。当 100 个点全部测完后,停止采集并保存数据文件。

(3) 点击"初始化等照度图"按钮初始化等照度曲线图。

(4) 点击"生成等照度图"按钮绘制等照度曲线图。

(5) 实验数据可以通过点击"保存数据文件"按钮保存为"Excel"文件,也可以通过点击"打开历史数据"按钮打开并绘制以前数据的等照度曲线。

3. 测定照明与作业效率关系曲线。

(1) 在等照度测定照明条件下,被试静坐至完全适应,测其穿十枚缝衣针的总时间,且每次穿完针后都要剪断白线。为消除生疏带来的误差,可先练习几分钟。

(2) 在采集状态,使用照度计测量缝衣针摆放处的照度,读数稳定后,按"HOLD"键锁定照度计读数。点击"开始"按钮开始穿针实验,点击"停止"按钮结束实验。

(3) 点击"测点记录"按钮将实验时间记录在列表框中。

(4) 按"HOLD"键解除照度计读数的锁定。

(5) 改变灯光位置,使其照度均匀度增大,再测时间效率。

(6) 恢复原状,改变其照度值分别为:200 lx、300 lx、400 lx、500 lx、600 lx、700 lx、800 lx、900 lx、1000 lx、1100 lx、1200 lx。

(7) 实验结束,点击"保存数据文件"按钮保存列表框数据,"保存实验结果"按钮保存照明工作效率曲线图(打印实验报告时用)。

(8) 点击"打印实验报告"按钮,弹出打印对话框,选择本地打印机或网络共享打印机,将实验报告打印出来。

六、注意事项

1. 工作时,室内光线不宜太强。
2. 使用照明系统调节照度时,要均匀调节。
3. 使用照度计进行照度测量时,测量球要正对光源测量。
4. 实验完毕后,必须切断电源。

七、总结与思考

1. 哪些因素对实验结果有影响？实验过程中如何控制和避免这些影响？

2. 该实验结论说明哪些问题？

实训六 人机信息交互界面的评价
——控制室人机界面评估

一、实训目标

1. 学习控制室的主要组成部分和控制面板布局设计的主要原则；
2. 学习如何应用集成交互仿真系统进行人机界面测试和评估；
3. 练习简单的实验数据分析方法；
4. 实验分析和比较不同布局设计原则的特点以及如何应用这些原则。

二、任务描述

根据实验室现有的硬件资源和软件资源，选择一种或几种控制面板布局设计原则，通过实地测量现实面板的尺寸或根据相关标准进行设计。对于设计出来的面板来说，应组织被试进行测试，进而通过数据对控制面板的布局进行分析、评价和改进。举例和步骤如下。

1. 实训的控制面板设计。

本实训中，对圆形和柱形表盘下方的按钮按功能性原则和频度原则设计的两种面板（见图 6.1、图 6.2）进行操作绩效测评，验证仿真系统对人机界面研究的可用性。图 6.3、图 6.4 所示为按钮的布局情况。

2. 实训实施。

（1）实验分组。

每四位同学组成一组，一起来实验室进行实验，每组实验持续大约 1 h。实验开始前，必须仔细阅读实验指导书。

（2）实验顺序。

实验中，每位同学需在宽屏幕前对两种控制面板各操作一次，正式实验开始前有 3 min 的练习时间。A 和 B 是指不同的面板，01 是指实验的前半部分无声音提示，后半部分有声音提示；而 10 则是指实验的前半部分有声音提示，后半部分无声音提示。因此，每组中的四位同学将按照表 6.1 所列顺序依次进行实验。

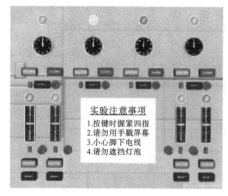

图 6.1 功能性原则布局 Design02

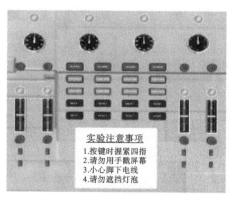

图 6.2 频度原则布局 Design03

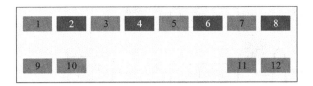
图 6.3 Design01 按钮布局图

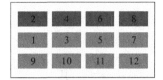
图 6.4 Design02 按钮布局图

表 6.1 实验顺序表

分组编号	第一阶段	第二阶段	第三阶段	第四阶段
A01B01	设计 A 无声音	设计 A 有声音	设计 B 无声音	设计 B 有声音
A10B10	设计 A 有声音	设计 A 无声音	设计 B 有声音	设计 B 无声音
B01A01	设计 B 无声音	设计 B 有声音	设计 A 无声音	设计 A 有声音
B10A10	设计 B 有声音	设计 B 无声音	设计 A 有声音	设计 A 无声音

3. 交互仿真。

图 6.1 和图 6.2 中的四个圆形仪表和柱形仪表指针在面板启动后会不停移动,正常状态下所有仪表上方的灯都呈绿色,每隔一段时间就会有一个仪表进入警报状态,仪表上方的灯会根据警报级别亮红色或者黄色,用户需要尽快做出反应,伸食指在亮灯仪表下方按相应的红色或黄色按键使仪表恢复正常运行。其中,圆形仪表有红色和黄色两种警报,柱形仪表只有黄色警报。如果选择 A10 或者 B10,则在演示过程的前半部分,发生警报时会有声音提示,后半部分则没有声音提示;如果选择 A01 或者 B01,则前半部分没有声音提示,后半部分有声音提示。所有警报产生完毕后,面板会自动停止运行,此时用户就不能再对面板进行操作了。这种虚拟现实技术应用在面板的设计中,用户可以很方便地根据测试数据来对其进行评价和改进,避免在真实环境中造成人员或设备的伤害,并能够根据需要实时更改。

三、任务准备

1. 把握控制面板布局设计原则,并参考相关的人体参数等数据,对现实生活中的控制面板的使用和所要实现的功能有所了解,通过实地调研,以 1∶1 的比例进行设计。

2. 熟悉现有的实验室环境,了解该系统的结构。

(1) 系统结构:系统的结构如图 6.5 所示。操作者在系统内进行操作时,由四个 CCD 摄像头和数据手套分别对用户手的位置和手指姿势信息进行采集;然后由检测计算机对这些信息进行处理,识别出用户的操作指令(如按按钮、拧旋钮等动作),通过局域网将指令传递给仿真计算机,仿真计算机再根据操作指令实时计算出仿真效果。本系统所采用的屏幕尺寸为 7.6 m(宽)×2.4 m(高),故选择三台仿真计算机和三台投影仪组成了一个三通道投影显示系统;三台仿真计算机可同步工作,渲染仿真场景,计算工作逻辑,并通过投影仪将虚拟场景显示在宽屏幕上。另外,还需要一台下位机进行计算,计算出用户的动作指令,由下位机传递给上位机。系统的实物结构图如图 6.6 所示。

(2) 实验仪器简介:投影仪、电脑、三通道大屏幕、数据手套、CCD 摄像头等,具体如图 6.7～图 6.14 所示。

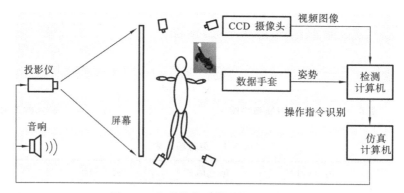

图 6.5　集成仿真系统结构示意图

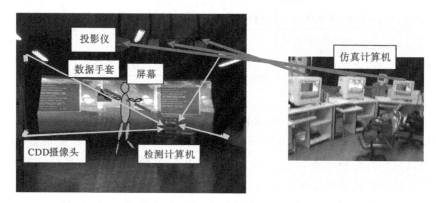

图 6.6　集成仿真系统结构实物图

图 6.7　投影仪示意图

图 6.8　电脑示意图

图 6.9　电脑设备和前方大屏幕图

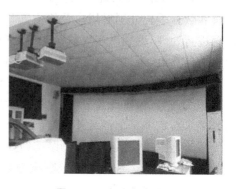

图 6.10　实验室全景图

图 6.11　CCD 和云台示意图

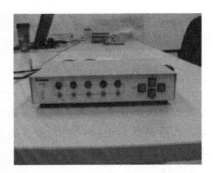

图 6.12　云台与云台控制器

图 6.13　数据手套　　　　　　　　图 6.14　宽屏幕及其支架

3. 学习软件：Creator2.5 用于 3D 建模；Vega3.7 用于动态仿真，将 Creator 生成的文件加载到 Vega 里，并设置相关仿真参数，就可以进行简单的仿真演示；Visual C++是目前应用非常广泛的基本程序开发平台。

四、知识要点

1. 控制室的组成

控制室的人机界面主要包含以下几个部分：控制室工作空间、工作环境、报警系统、控制器、显示器、音响信号系统、标牌和位置指示、过程计算机、盘与台面布置、控制-显示综合。本实训主要关注控制面板仪表盘、显示屏、开关和按钮等控制器的布局和设计。

2. 控制面板布局设计原则

(1) 功能性原则：按功能、用途对显示器和控制器加以分类，功能相近的集中到一起，便于识别和操作。

（2）重要性原则：根据监控作业的重要性依次排列，把最重要的布置在最佳位置上，以确保监控活动的质量。

（3）最佳排列原则：根据仪表的特点、读数精度、将显示器和控制放在便于感知和操作的最佳位置上，以发挥其最佳效率。

（4）使用逻辑性原则：按照工作程序的先后，依次排列，以便使活动与位置相对应。

（5）频度原则：将监控次数最多的常用仪表和控制器放在最便于感知和操作的位置上，以减轻人的负担。

（6）路线最短原则：把联系较多的显示器或控制器靠近布置，以提高观察和操作的效率。把功能相对应的显示器和控制器对应布置，以缩短从接收信号到做出反应的周期。

五、实训过程

1. 实验教师讲解控制室的主要组成部分和控制面板的布局设计原则。
2. 实验教师讲解实验所用控制面板的设计原理、设计方法以及实验方法。
3. 学生分组进行控制室人机界面评估的实验，记录实验数据。
4. 学生对实验数据进行分析总结，撰写实验分析报告。

六、注意事项

1. 数据手套穿戴要正确，另外要注意数据手套与电脑主机间连接数据线的合适距离，二者都不能用蛮力去拉。
2. 操作时，被试的姿势要正确，即：食指伸直，其他四指攥紧，并且要正面向屏幕，同时要求身体不能遮挡摄像头。
3. 三通道拼接要恰当，找准结合点。
4. 实验可以采取 ABBA 方法进行，以免由于实验顺序的误差影响实验结果。

七、总结与思考

1. 请大家根据其他的设计原则，自行设计出几个新的控制面板，通过实验的方式来验证其设计的优劣。

2. 为了使得自己设计的面板更好地服务社会，且符合实际，请思考还有哪些因素可以添加进来？

3. 比较不同的设计原则对被试操作的影响。

4. 声音的有无对面板操作的影响有哪些？

实训七　心肺复苏实训

一、实训目标

掌握心肺复苏技术的操作方法和步骤。

二、任务描述

根据实验室现有的四台心肺复苏训练模拟人,在指导老师讲解后分两步进行实训。第一步,训练阶段。首先训练如何实施胸外心脏按压,掌握按压的位置、深度和频率,每次的操作正确与否仪器会进行记录;在对其掌握熟练的情况下再练习人工呼吸,掌握人工呼吸的前期准备工作(口腔异物的处理、打开气道)、吹气时的肺活量、捏住和松开鼻子的手势操作、时间把握等。第二步,正式救助阶段。正式救助分单人救助(一个施救者救助一个人)和双人救助(两个施救者救助一个人),初学者一般建议采用双人模式,即:一人负责按压,一人负责吹气,要求在考核标准设定的时间内连续操作完成按压通气比30∶2的五个循环。操作结束后,两次的实验数据填入表格中。

三、任务准备

KAS/CPR580型(2010)版高级心肺复苏训练模拟人、按压垫、一次性消毒面膜。

四、知识要点

心肺复苏,国际代称CPR,既是专业的急救医学,也是现代救护的核心内容,是最重要的急救知识技能,它是在生命垂危时采取的行之有效的急救措施。在日常生活中,健康人由于心脏骤停(如触电、溺水、中毒、高空作业、交通事故、旅游意外、心脏疾病、心肌梗死、自然灾害、意外事故等所造成的心脏骤停),而必须采取气道放开、胸外按压、人工口鼻呼吸、体外除颤等抢救过程,使病人在最短的时间内得到救护。在抢救过程中,气道是否放开、胸外按压位置,按压强度是否正确,人工呼吸吹入潮气量是否足够,规范动作是否正确等,是抢救病人是否成功的关键。心肺复苏,就是针对骤停的心跳和呼吸采取的"救命技术"。

五、实训过程

本实训以救助触电者为例进行阐述,实验数据填入表7.1中。当触电者脱离电源后,应根据触电者的具体情况,迅速对症救护,现场急救步骤如下。

1. 诊断。

首先要尽快地解开触电者的上衣、裤带,判断触电者的意识是否丧失,如触电者丧失意识,应在10 s内用看、听、试方法判定触电者呼吸、心跳情况。看,即看触电者的胸部、腹部有无起伏动作;听,即用耳贴近触电者的口鼻处有无呼气声音;试,即试测触电者口鼻有无呼气的气流,再用手指轻试一侧(左或右)喉结旁凹陷处的颈动脉有无搏动。若看、听、试结果为既无呼吸又无颈动脉搏动,则可判定触电者呼吸心跳停止。此时,应立即按心肺复苏法支持生命的三项基本措施,即通畅气道、口对口(鼻)人工呼吸、胸外心脏按压(人工循环)正确进行就地抢救。

2. 人工呼吸法(口对口或口对鼻人工呼吸法)。

人工呼吸是在触电者呼吸停止后应用的急救方法。各种人工呼吸法中,以口对口人工呼吸法效果最好,而且简单易学,容易掌握。

施行人工呼吸前,应迅速将触电者身上妨碍呼吸的衣领、上衣、裤带等解开,并迅速取出触电者口腔内妨碍呼吸的食物、脱落的假牙、血块、黏液等,以免堵塞呼吸道。做口对口(鼻)人工呼吸时,应使触电者仰卧,并使其头部充分后仰(可用一只手托在触电者颈后头)至鼻孔朝上,以利呼吸道畅通。

口对口(鼻)人工呼吸法操作如下。

(1) 使触电者鼻(或口)紧闭,救护人深吸一口气后紧贴触电者的口(或鼻),向内吹气,为时约为 2 s。

(2) 吹气完毕,立即离开触电者的口(或鼻),并松开触电者的鼻孔(或嘴唇),让其自行呼气,为时约 3 s。吸入的潮气量为 500~1000 ml。触电者如系儿童,只可小口吹气,以免肺泡破裂。如发现触电者胃部充气膨胀,可一面用手轻轻加压于其上腹部,一面继续吹气和换气。如果无法使触电者把口张开,可改用口对鼻人工呼吸法。

3. 胸外心脏按压。

(1) 按压部位:将右手的食指和中指沿触电者的右侧肋弓缘向上,找到肋骨和胸骨结处的中点;两手指并齐,中指放在切迹中点(剑突底部位),食指平放在胸骨下部,另一只手的掌根紧挨食指上缘,置于胸骨上,即为正确的按压位置。

(2) 按压姿势:将触电者仰卧或平摊在硬板上,救护人员位于一侧或跨骑在髋骨部,两肩位于触电者胸骨正上方,两臂伸直,肘关节固定不屈,两手掌根重叠,手指翘起不接触触电者的胸壁;以胯骨并为支点,利用上身的重力,垂直向下挤压,压出心脏血液,对成人应压陷 4~5 cm,(儿童和瘦弱者酌减),以每秒钟挤压一次为宜。挤压后应迅速松开,让胸腔自动复原,血液充满心脏,但放松时,救护人员的手掌根不得离开胸壁。操作时,用力不可过猛,以免造成内伤。

4. 操作频率。

胸外心脏按压要以均匀速度进行,每分钟挤压 100 次为宜,每次挤压和放松的时间相等。

胸外心脏按压和口对口(鼻)人工呼吸同时进行时,其按压通气比为 30∶2(单人或双人)。

5. 抢救过程中的再判定。

要求在考核标准设定的时间内连续操作完成 30∶2 的 5 个循环,应用看、听、试的方法在 5~7 s 时间内完成对触电者呼吸和心跳是否恢复的再判定。若判定颈动脉已有搏动但无呼吸,则暂停胸外心脏按压,而再进行 2 次口对口(鼻)人工呼吸,接着每五秒吹气一次(即每分钟 12 次);如脉搏呼吸均未恢复,则继续坚持心肺复苏法抢救。在抢救过程中,要每隔数分钟再判定一次,每次判定时间均不得超过 5~7 s,在医务人员未接替抢救前,现场抢救人员不得放弃现场抢救。

表 7.1　心肺复苏操作实验数据记录表

工作方式	按压次数		吹气次数	
	正确次数	错误次数	正确次数	错误次数
训练				
单人				
双人				

六、注意事项

1. 口对口人工呼吸时,必须垫上消毒纱布面巾或一次性吹气模,一人一片,以防交叉感染。

2. 操作时,双手应清洁,女性请擦除口红及唇膏,以防脏污面皮及胸皮,更不允许用圆珠笔或其他色笔涂划。

3. 按压操作时,一定按工作频率节奏按压,不能乱按一通,以免程序出现紊乱,如出现程序紊乱,立刻关掉电脑显示器总电源开关,重新开启,以免影响电脑显示器使用寿命。

七、总结与思考

1. 日常生活中,遇到有人发生触电或溺水事故,我们应该怎么办?

2. 实施心肺复苏技术时,施救者的心理状态应如何调整?

3. 救助成功与失败的人的指标有哪些?

实训八　消防灭火实训

一、实训目标

掌握灭火的原理及各类灭火器的操作方法,学会使用灭火器。

二、任务描述

本实训的主要任务为:首先,讲解灭火器相关的知识,包括灭火器的种类、适用的火灾类型、里面的物料特点、使用方法等;然后,在保卫处人员的带领下,在固定的灭火演练场所人工生火,现场演练各种灭火器的操作方法及灭火时所处位置、风向和操作姿势等,让学生通过亲自灭火的方式掌握灭火的要领和灭火器的使用方法;最后,彻底扑灭火灾,在指导老师和保卫处负责人确认不会存在安全隐患的前提下,打扫好现场卫生后离开灭火场所,把灭火器、水桶等工具带回实验室。

三、任务准备

二氧化碳灭火器、干粉灭火器、泡沫灭火器与酸碱灭火器各类型准备十个以上,酒精 10 L、汽油 15 L、水桶十个(现场附近取水)、木板四捆、灭火盆五个、打火机四个、废纸一捆、卫生工具四套。

四、知识要点

灭火器的种类很多,按其移动方式可分为:手提示和推车式;按驱动器灭火剂的动力来源可分为:储气瓶式、储压式、化学反应式;按所充装的灭火剂则又可分为:泡沫、干粉、卤代烷、二氧化碳、酸碱、清水等。

五、实训过程

进行各类灭火器的讲解,并示范灭火器的操作方法。

1. 手提式化学泡沫灭火器适应火灾及使用方法。

(1) 适用范围:适用于扑救一般 B 类火灾,如油制品、油脂等火灾,也可适用于 A 类火灾,但不能扑救 B 类火灾中的水溶性可燃、易燃液体的火灾,如醇、酯、醚、酮等物质火灾,也不能扑救带电设备及 C 类火灾和 D 类火灾。

(2) 使用方法:可手提筒体上部的提环,迅速奔扑火场。这时,注意不得使灭火器过分倾斜,更不可横拿或颠倒,以免两种药剂混合而提前喷出。当距离着火点 10 m 左右时,即可将筒体颠倒过来,一只手紧握提环,另一只手扶住筒体的底圈,将射流对准燃烧物。在扑救可燃液体火灾时,如已呈流淌状燃烧,则将泡沫由远而近喷射,使泡沫完全覆盖在燃烧液面上。如在容器内燃烧,应将泡沫射向容器的内壁,使泡沫沿着内壁流淌,逐步覆盖着火液面。切忌直接对准液面喷射,以免由于射流的冲击,反而将燃烧的液体冲散或冲出容器,扩大燃烧范围。在扑救固体物质火灾时,应将射流对准燃烧最猛烈处。灭火时,随着有效射距离的缩短,使用者应逐渐向燃烧区靠近,并始终将泡沫喷在燃烧物上,直到扑灭。使用时,灭火器应始终保持倒置状态,否则会中断喷射。

(3)注意:(手提式)泡沫灭火器应存放于干燥、阴凉、通风并取用方便之处,不可靠近高温或可能受到曝晒的地方,以防止碳酸分解而失效;冬季要采取防冻措施,以放止冻结;并应经常擦除灰尘、疏通喷嘴,使之保持通畅。

2. 推车式泡沫灭火器适应火灾和使用方法。

(1)其适应火灾与手提式化学泡沫灭火器相同。

(2)使用方法:使用时一般由两个人操作,先将灭火器迅速推拉到火场,在距离着火点10 m左右处停下,由一个人施放喷射软管后,双手紧握喷枪并对准燃烧处;另一个则先逆时针方向转动手轮,将螺杆升到很高位置,使瓶盖开足,然后将筒体向后倾倒,使拉杆触地,并将阀门手柄旋转90°,即可喷射泡沫进行灭火。如阀门装在喷枪处,则由负责操作喷枪者打开阀门。

(3)注意:灭火方法及注意事项与手提式化学泡沫灭火器基本相同,可以参照。由于这种灭火器的喷射距离远,连续喷射时间长,因而可充分发挥其优势,用来扑救较大面积的储槽或油罐车等处的初起火灾。

3. 空气泡沫灭火器适应火灾和使用方法

(1)适用范围:适用范围基本上与化学泡沫灭火器相同。但抗溶泡沫灭火器还能扑救水溶性易燃、可燃液体的火灾,如醇、醚、酮等溶剂燃烧的初起火灾。

(2)使用方法:使用时,可手提或肩扛空气泡沫灭火器迅速奔到火场,在距燃烧物6 m左右停下,拔出保险销,一手握住开启压把,另一手紧握喷枪;用力捏紧开启压把,打开密封或刺穿储气瓶密封片,空气泡沫即可从喷枪口喷出。其灭火方法与手提式化学泡沫灭火器相同。但使用空气泡沫灭火器时,应使灭火器始终保持直立状态、切勿颠倒或横卧使用,否则会中断喷射。同时,应一直紧握开启压把,不能松手,否则也会中断喷射。

4. 酸碱灭火器适应火灾及使用方法。

(1)适用范围:适用于扑救A类物质燃烧的初起火灾,如木、织物、纸张等燃烧的火灾。它不能用于扑救B类物质的火灾,也不能用于扑救C类可燃性气体或D类轻金属火灾,更不能用于带电物体火灾的扑救。

(2)使用方法:使用时,应手提筒体上部提环,迅速奔到着火地点。决不能将灭火器扛在背上,也不能过分倾斜,以防两种药液混合而提前喷射。在距离燃烧物6 m左右,即可将灭火器颠倒过来,并摇晃几次,使两种药液加快混合。一只手握住提环,另一只手抓住筒体下的底圈将喷出的射流对准燃烧最猛烈处喷射。同时,随着喷射距离的缩减,使用者应向燃烧处推进。

5. 二氧化碳灭火器的使用方法。

(1)使用方法:灭火时,只要将灭火器提到或扛到火场,在距燃烧物5 m左右,放下灭火器,拔出保险销,一手握住喇叭筒根部的手柄,另一只手紧握启闭阀的压把。对没有喷射软管的二氧化碳灭火器,应把喇叭筒往上扳70°~90°。使用时,不能直接用手抓住喇叭筒外壁或金属连线管,防止手被冻伤。灭火时,当可燃液体呈流淌状燃烧时,使用者应将二氧化碳灭火器的喷流由近而远向火焰喷射。如果可燃液体在容器内燃烧时,使用者应将喇叭筒提起。从容器的一侧上部向燃烧的容器中喷射,但不能将二氧化碳射流直接冲击可燃烧面,以防止将可燃液体冲出容器而扩大火势,造成灭火困难。

(2) 推车式二氧化碳灭火器一般由两人操作,使用时,两人一起将灭火器推或拉到燃烧处,在离燃烧物 10 m 左右停下,一人快速取下喇叭筒并展开喷射软管后,握住喇叭筒根部的手柄,另一个人快速按逆时针方向旋动手轮,并开到最大位置。灭火方法与手提式二氧化碳灭火器的方法一样。

(3) 注意:使用二氧化碳灭火器时,在室外使用的,应选择在上风向喷射;在室内窄小空间使用的,灭火后,使用者应迅速离开,以防窒息。

6. 干粉灭火器适应火灾和使用方法。

(1) 使用范围:碳酸氢钠干粉灭火器适用于易燃、可燃液体、气体及带电设备的初起火灾;磷酸铵盐干粉灭火器除可用于上述几类火灾外,还可扑救固体类物质的初起火灾,但都不能扑救金属燃烧火灾。

(2) 手提式干粉灭火器的使用方法:灭火时,可手提或肩扛灭火器快速奔赴现场,在距燃烧处 5 m 左右,放下灭火器。如在室外,应选择在上风向喷射。使用的干粉灭火器若是外挂式储气瓶的或者是储压式的,操作者应一手紧握喷枪,另一手提起蓄气瓶上的开启提环。如果储气瓶的开启是手轮式的,则向逆时针方向旋开,并旋到最高位置,随即提起灭火器。当干粉喷出后,迅速对准火焰的根部扫射。使用的干粉灭火器若是内置式储气瓶的或者是储压式的,使用者应先将开启把上的保险销拔下,然后握住喷射软管前端嘴部,另一只手将开启压把压下,打开灭火器进行灭火。在使用有喷射软管的灭火器或储压式灭火器时,一手应始终压下压把,不能放开,否则会中断喷射。干粉灭火器扑救可燃、易燃液体火灾时,应对准火焰要部扫射,如果扑救的液体火灾呈流淌状燃烧时,应对准火焰根部由近而远并左右扫射,直至把火焰全部扑灭。如果可燃液体在容器内燃烧,使用者应对准火焰根部左右晃动扫射,使喷射出的干粉流覆盖整个容器开口表面;当火焰被赶出容器时,使用者仍应继续喷射,直至将火焰全部扑灭。在扑救容器内可燃烧液体火灾时,应注意不能将喷嘴直接对准液面喷射,防止喷流的冲击力使可燃液体溅出而扩大火势,造成灭火困难。如果当可燃液体在金属容器中燃烧时间过长,容器的壁温已高于扑救可燃液体的自燃点,此时极易造成灭火后再复燃的现象,如与泡沫类灭火器联用,则灭火效果更佳。使用磷酸铵盐干粉灭火器扑救固体可燃物火灾时,应对准燃烧最猛烈处喷射,并上下、左右扫射。如条件许可,使用者可提着灭火器沿着燃烧物的四周边走边喷,使干粉灭火剂均匀地喷在燃烧物的表面,直至将火焰全部扑灭。

(3) 推车式干粉灭火器的使用方法:推车式干粉灭火器的使用方法与手提式干粉灭火器的使用方法相同。

六、注意事项

1. 由于现场人工生火,在一切准备妥当的前提下,听从老师的指令,不得随意点火,尤其不得在规定的灭火场地外人为生火。

2. 灭火时,一定要对准火源的根部进行灭火。

3. 现场风向发生改变的时候,一定要及时改变自身所处位置,保证自己始终处于上顺风的位置。

4. 生火时,不要用打火机直接点火,要首先点燃废纸,然后拿废纸往木板或灭火盆中油品上扔。

5. 灭火器使用是一次性的,一定要一瓶彻底使用完后再开下一瓶,否则会因压力不够而影响物料的充装和下次使用。

七、总结与思考

1. 日常生活中,遇到某处发生火灾,我们应该怎么办?

2. 灭火时要对准火源根部灭火,那么当我们处于火场当中进行逃生的时候又该如何做呢?为什么?

实训九　应急救援实训

一、实训目标

1. 了解应急救援体系、应急预案、应急演练、应急响应程序和行动、事故现场抢险技术、现场急救等理论知识。
2. 通过模拟场景演练,掌握应急演练,进一步熟悉应急救援程序及技能。
3. 通过演练过程,对应急救援预案中存在的协调、应急救援设备设施、人员意识与职责等方面存在的不足进行总结、完善。

二、任务描述

本实训通过演练,着重增强同学避险逃生的基本技能;熟悉演练的基本过程;为改进应急救援方案的不足提供依据。本实训的主要任务为:

(1) 应急救援个人防护装备基本操作,掌握常见消防器具及消防个体防护等用品的操作;
(2) 急救知识,掌握胸外心脏按压、口对口人工呼吸、止血包扎、搬运;
(3) 模拟火灾场景演练。

三、任务准备

1. 各类应急救援防护装备、模拟火灾事故突发场所、模拟突发事件。
2. 准备二氧化碳灭火器、干粉灭火器、泡沫灭火器与酸碱灭火器各类型,以满足整个应急救援演示的需要。
3. KAS/CPR580 型(2010)版高级心肺复苏训练模拟人。

四、知识要点

1. 灭火器的种类很多,按其移动方式可分为:手提示和推车式;按驱动器灭火剂的动力来源可分为:储气瓶式、储压式、化学反应式;按所充装的灭火剂则又可分为:泡沫、干粉、卤代烷、二氧化碳、酸碱、清水等。
2. 口对口人工呼吸时,必须垫上消毒纱布面巾或一次性吹气模,一人一片,以防交叉感染;操作时,双手应清洁,女性请擦除口红及唇膏,以防脏污面皮及胸皮,更不允许用圆珠笔或其他色笔涂划;按压操作时,一定按工作频率节奏按压,不能乱按一通,以免程序出现紊乱,如出现程序紊乱,立刻关掉电脑显示器总电源开关,重新开启,以免影响电脑显示器使用寿命。
3. 止血包扎注意事项。
(1) 迅速暴露伤口并检查,采取急救措施。
(2) 有条件时,应对伤口妥善处理,如清除伤口周围油污、局部消毒等。
(3) 使用止血带时,必须包在伤口的近心端;局部给予包布或单衣保护皮肤;在上止血带前,应抬高患肢 2~3 min,以增加静脉血向心回流;必须注明每一次上止血带的时间,并每隔 45~60 mm 放松止血带一次,每次放松止血带的时间为 3~5 min,松开止血带之前应用手压迫动脉干的近端;绑止血带松紧要适宜,以出血停止、远端摸不到脉搏搏动为宜。

(4) 包扎材料尤其是直接覆盖伤口的纱布,应严格无菌;没有无菌敷料时,应尽量使用相对清洁的材料,如干净的毛巾、布类等。

(5) 包扎不能过紧或过松,打结或固定的部位应在肢体的外侧面或前面。

4. 危重伤病员的搬运。

(1) 脊柱损伤:硬担架,3~4 人同时搬运,固定颈部不能前屈、后伸、扭曲。

(2) 颅脑损伤:半卧位或侧卧位。

(3) 胸部伤:半卧位或坐位。

(4) 腹部伤:仰卧位、屈曲下肢,宜用担架或木板。

(5) 呼吸困难病人:坐位,最好用折叠担架(或椅)搬运。

(6) 昏迷病人:平卧,头转向一侧或侧卧位。

(7) 休克病人:平卧位,不用枕头,脚抬高。

五、实训过程

1. 应急救援个人防护装备基本操作掌握:在老师的讲解下掌握常见消防器具及消防个体防护等用品的操作,并学会正确使用,包括:灭火器、消防栓的使用,以及自给式正压式呼吸器的佩戴等。

2. 急救知识:在老师的讲解下掌握常见急救知识并正确使用,包括胸外心脏按压、口对口人工呼吸实训、止血包扎、搬运。

3. 模拟火灾场景演练:

(1) 迅速拿出一套应急救援演练预案;

(2) 按照火灾应急救援需求进行分组;

(3) 应急培训,说明应急救援过程,明确各小组级成员的职责及任务要求。

4. 应急演练:

(1) 模拟火灾事故场景。

(2) 应急模拟场景情景描述及参与人如表 9.1 所示。

表 9.1　×学校××教学楼 1 层实验室火灾疏散演练模拟情景描述

序号	演练项目		活动描述	参与人
1	模拟场景	模拟火情	由效果组员在六楼阳台燃放烟幕弹以增加现场的逼真性,同时由同学喷烟检查烟感报警系统是否报警	
2	报警	内部报警演习启动	二部六楼当值仓管员在发现着火后,马上用灭火器对初始火灾进行扑救,但由于火势凶猛不能扑灭,便按响警铃报警系统进行报警,并报告部门主任。同时,边跑下楼道边向下呼叫各楼层人员疏散,此时烟感报警系统也自动进行了报警。部门主任用对讲机报告总调室、安全保卫部:我是仓务二部主任,干货库六楼发生了火灾,火灾无法控制,情况紧急,请立即救援	

续表

序号	演练项目		活动描述	参与人
3	报警	接警向外部报警	1. 安全保卫部报警组接到报警电话,对火势进行确认,得到肯定答复后,立即启动火灾应急预案。 2. 总调室通过对讲机发出疏散指令,通知整栋教学楼全体人员立即按疏散路线撤离;之后安全保卫部报警组立即拨打119,向市消防部门报警;同时供水组启动消防水泵。 3. 报警后,安全保卫部报警组向应急指挥长汇报,××楼×栋1层实验室发生火灾,已拉响消防警报,已向市消防部门报警	安全保卫部、总调室
4	演习指挥	指挥	1. 指挥长赶到指挥现场,并立刻成立应急小组指挥部。 2. 指挥长立即通过对讲机发出指示:所有应急小组成员请注意!所有应急小组成员请注意!××楼×栋1层实验室发生火灾,所有人员根据各自职责立即开展各项救援工作,并及时汇报工作进展,注意以救人为第一位,同时要保证自身安全。 3. 指挥长同时安排人员通知没有当班的应急小组成员立即赶往公司,参加救火作业	
5	疏散与搜救	×栋楼学生疏散	听到火警警报后,疏散组长一边保持与指挥部联系,一边指挥疏散组人员赶赴现场,疏散组到一、二、三、四、五、六楼指挥人员疏散,并负责检查电梯及茶水间、洗手间、办公室等是否有人	疏散组
6		搜救	疏散组人员到指定地点指挥人员疏散,大声指挥"不要惊慌,由这里撤离"。当全部人员均安全撤离,疏散组长向指挥部报告。"报告指挥长,所有员工已安全疏散"。疏散组派人对所有楼梯、房间、洗手间进行检查,防止遗漏	救援组或搜救组
7	专项演练	消防设备使用	接到火警警报后,设备组组长迅速与指挥部取得联系,并派出人员及时切断一层的正常电源,并负责保证其他通道的应急电源、消防泵、防排烟等设备及消防梯的正常运行,保证消防供水、供电不间断	设备组
8		灭火行动	听到火警警报后,一边迅速与指挥部取得联系,一边迅速穿戴作战服,携带灭火器材和物品赶赴火灾现场。到达火灾现场并开展灭火战斗	支援组
9	专项演练	现场救护医疗救护	抢救组听到火警警报后,抢救组组长一边迅速与指挥部取得联系,一边迅速组织组员带着医疗急救箱及担架赶赴到火灾现场待命。对昏迷员工进行紧急抢救,发现其心脏停止跳动,抢救组员立即对其进行心肺复苏抢救	抢救组
10		门岗管理/消防车及救护车引导/信息发布	指挥部命令警戒一组、二组立即对×栋周边车辆闸口进行控制,所有车辆只能出不能进,保证交通畅通,负责引导消防车及医疗救护车,并负责现场外围各类治安管理工作	警戒组
11	结束总结		指挥长宣布消防疏散演习正式结束:各位演习参演人员,我是本次演习的指挥长,现在我宣布,本次演习所涉及的所有演习科目均已顺利完成,谢谢大家的积极参与	指挥

六、注意事项

1. 请提前熟悉演练操作规则,完成各自分配的任务。

2. 为保障本次演练的效果,同学们在演练过程中请勿喧哗,保持安静,尽量站在自己的岗位,不要随意走动。

3. 本次演习完全虚拟,旨在提高同学们对应急演练过程的理解与认识。

七、总结与思考

1. 经过本次应急救援实训,得到的体会是什么?

2. 在进行人工呼吸时,为什么要将伤者的下颚抬高?

附 则

一、实验(实训)报告要求

应培养实验一结束后,就立即整理数据,着手拟写实验报告的习惯,实验报告必须在规定的日期内完成,而且应尽可能地查阅较多的参考文献,结合自己的考察及组内的记录来完成。实验(实训)报告应满足下列要求。

（一）封面填写内容

1. 课程名称。
2. 专业、班级。
3. 学号、姓名。

（二）每个实验(实践)填写的内容

1. 实验(实践)项目名称。
2. 实验项目类型。
3. 实验(实践)时间。
4. 正文内容。

（1）一般实验报告内容应包括：一、实验目的；二、实验原理；三、实验仪器简介；四、实验步骤；五、实验结果及讨论；六、注意事项等。

（2）综合性实践报告应包括：一、活动的目的和要求；二、活动内容：具体项目；活动地点；采取的方式(社会调查或网络查询相关资料)；人员组成；具体分工；成果的展示；现状描述；收获体会；相关建议或对策等。

（3）实训报告内容包括：一、实训目标；二、任务描述；三、任务准备；四、知识要点；五、实训过程；六、注意事项；七、总结与思考。

用铅笔绘图与表格,其他文字用钢笔或圆珠笔书写,字迹工整、清楚。

二、考核方法

预习加上课表现 20%,实验(实践)操作 40%,实验(实践)报告 40%。成绩分为优、良、中、及格、不及格五等。

三、注意事项

（一）课前准备

带上本指导书及所需的纸,计算器、作图工具等,按时来到指定的实验地点,仔细阅读本指导书,理解实验内容,并阅读挂于墙上的《实验室注意事项》《学生实验守则》等,按照指导书要求接好实验装置的连接线,插好实验装置的电源(220 V),自己确认之后,经过指导老师允许,方可按下电源开关。

(二) 实验过程中

1. 必须严格遵守指定的实验条件及步骤,严密地执行实验计划实施实验。所谓实验条件,不仅包括指定的客观条件,还包括实验者(主试、被试)的生理、心理条件及小组气氛主观条件,实验的成败往往取决于实验条件和步骤的严密性。

2. 实验被试是十分重要的,被选为被试的同学必须严肃认真。因为即使稍微违背指示也可能给实验结果带来巨大的差异,因此被试必须严格地执行主试给予的指令。

3. 主试给予被试的指令必须正确、清楚、简洁,所有指令都必须记录在实验报告中。

4. 千万不要忘记主试自身也处于实验中,是实验的一个重要因素,主试必须谨慎注意自己的言行不能给被试的反应态度产生任何影响,更不能给予任何暗示。例如,表现出惊讶或失望,或是"你怎么反应那么慢"等,主试的面部表情应该专注严肃的。

5. 除了特别规定的场合,实验完全结束前不能将结果告诉被试。

6. 因是一般性实验,被试不应持有竞争性和虚荣心理,而应以平静的心情,日常的能力进行实验,同时,其他成员不应对被试发表任何评论。

7. 指导书及指导老师的指导不可能包罗万象,实验中有可能出现一些意想不到的情况,此时应及时报告指导老师。

8. 必须充分重视实验所得数据,不能马马虎虎,随意改动。

9. 与实验无关的器具未经许可,不得使用。

10. 必须十分爱护设备装置,若有事故发生,必须及时报告老师。

(三) 实验结束后

实验结束后,切断电源,整理好设备装置,清理实验场所,经指导老师验收同意后方可离开。

参考文献

[1] 张力,廖可兵. 安全人机工程学[M]. 北京:中国劳动社会保障出版社,2007.

[2] 倪文耀,朱顺兵. 安全工程专业实验与设计教程[M]. 徐州:中国矿业大学出版社,2012.

[3] 李寿欣,李传银. 心理实验的操作与演示[M]. 青岛:青岛出版社,2000.

[4] 孟庆茂,常建华. 实验心理学[M]. 北京:北京师范大学出版社,1999.

[5] 杨丹,梁书琴. 安全工程实验指导书[M]. 2版. 武汉:中国地质大学出版社,2015.

[6] 杨博民. 心理实验纲要[M]. 北京:北京大学出版社,1989.

[7] 蔡增基,龙天渝. 流体力学泵与风机[M]. 5版. 北京:中国建筑工业出版社,2009.

[8] 朱霞,皇甫恩,苗丹民. 通信兵注意分配能力与专业水平关系的研究[J]. 中国行为医学与脑科学,2001,10(2):135-136.

[9] 齐中延. 对竞技运动员动作技能迁移的实验研究[J]. 当代体育科技,2013,3(16):53-54.

[10] 周爱保. 实验心理学[M]. 北京:清华大学出版社,2016.

[11] 朱滢. 实验心理学[M]. 3版. 北京:北京大学出版社,2014.

[12] 吴慧兰. 人因工程实验[M]. 上海:华东理工大学出版社,2014.

[13] 彭聃龄. 普通心理学.[M]. 4版. 北京:北京师范大学出版社,2012.

[14] 杨治良,王新法. 心理实验操作手册[M]. 上海:华东师范大学出版社,2010.

[15] 郭秀艳. 心理实验指导手册[M]. 北京:高等教育出版社,2010.

[16] 孙远波. 人因工程基础与设计[M]. 北京:北京理工大学出版社,2010.

[17] 孔庆华. 人因工程基础与案例[M]. 北京:化学工业出版社,2008.

[18] 左春柽,杨斌宇,王晓峰. 人机工程与造型设计[M]. 北京:化学工业出版社,2007.

[19] 邓铸. 应用实验心理学[M]. 上海:上海教育出版社,2006.

[20] 郭伏,杨学涵. 人因工程学[M]. 沈阳:东北大学出版社,2001.

[21] 孙林岩,崔凯,孙林辉. 人因工程[M]. 北京:中国科学技术出版社,2011.

[22] 郭伏,钱省三. 人因工程学[M]. 北京:机械工业出版社,2006.

[23] Mark S. Sanders,Ernest J. McCormick. 工程和设计中的人因学(影印版)[M]. 7版. 于瑞峰,卢岚,译. 北京:清华大学出版社,2002.

[24] 阮宝湘,邵祥华. 工业设计人机工程[M]. 北京:机械工业出版社,2005.

[25] 丁玉兰. 人机工程学[M]. 北京:北京理工大学出版社,2002.

[26] 赵铁生. 工效学[M]. 天津:天津科技翻译出版社,1989.

[27] 蒋祖华. 人因工程[M]. 北京:科学出版社,2011.

[28] 蔡启明,余臻,庄长远. 人因工程[M]. 北京:科学出版社,2005.
[29] 何旭洪,黄祥瑞. 工业系统中人的可靠性分析:原理、方法与应用[M]. 北京:清华大学出版社,2007.
[31] 江小华. 安全工程专业实验指导书[M]. 南昌:江西高校出版社,2010.
[32] 张磊. 关于完善电气专业实验安全体系的研究[J]. 中国电力教育,2010(6):133-134.
[33] 吴春燕,李金阳. 关于电气预防性试验中安全管理的探讨[J]. 机电工程技术,2013(11):90-92.
[34] 田秀丽,等. 高压设备电气预防性试验与安全管理探讨[J]. 安全、健康和环境,2012,12(4):53-54.
[35] 梁书琴,等. 安全工程专业实验指导书[M]. 武汉:中国地质大学出版社,2013.
[36] 马铭悦. 电气设备的绝缘预防性试验研究[J]. 中国科技博览,2012(3):88.
[37] 王文朋,李文亭,张志勇. 浅析高压电气设备的绝缘预防性试验[J]. 城市建设理论研究(电子版),2015(6).
[38] 韩常辉,孙纬坤. 高压电气设备的绝缘预防性试验方法及安全措施[J]. 科技创新与应用,2016(33):178.
[39] 李守祥,林来库. 高压电气设备的绝缘预防性试验浅析[J]. 工程技术(全文版),2016(7):156.
[40] 王利军. 有关电气设备预防性试验方法的探讨[J]. 硅谷,2015(4):134.
[41] 杰恩斯·木卡依. 电力电气设备预防性试验方法的探讨[J]. 计量与测试技术,2008,35(9):34-35.
[42] 王志强,等. 高校电气实验室安全管理探讨[J]. 实验室研究与探索,2014,33(7):293-296.
[43] 何亚利. 桥式起重机的疲劳寿命分析与安全性评价方法研究[D]. 北京:北京化工大学,2014.
[44] 黄邢陈. 桥式起重机安全监控与性能评估系统的研究与设计[D]. 上海:上海交通大学,2015.
[45] 邓陆,等. 安全监控系统在门式起重机上的研究与应用[J]. 化学工程与装备,2016(8):341-344.
[46] 祝连庆,董明利,孙军华. 钢轨高速探伤检测系统中的伤损分析[J]. 仪器仪表学报,2003,24(Z1):222-224.
[47] 张玉华,王卫东,石永生,等. 超声波在役钢轨高速探伤系统及超声检测装置:中国,CN104515804A[P]. 2015.
[48] 吴桂清,厉振武,陈彦芳. 多通道超声波探伤在役钢轨检测中的应用[J]. 传感器与微系统,2013,32(10):146-148.
[49] 宋子强. 超声检测技术研究与工程实现[D]. 哈尔滨:哈尔滨工业大学,2008.
[50] 黄凤英,黄永巍,高东海. 道岔的涡流检测技术研究[C]. 全国无损检测学术年会,2013.
[51] 任吉林,江莉,曾亮. 带微缺陷叶片涡流检测技术研究[C]. 全国无损检测学术年

会,2010.
[52] 刘敦文,杨光. 安全工程专业实验课研究性教学与创新型人才培养[J]. 中国安全科学学报,2010,20(5):157-161.
[53] 刘生全,等. 长安大学道路交通运输工程实验教学中心实验教学指导丛书:交通安全工程实验分册[M]. 北京:人民交通出版社,2010.
[54] 聂百胜,等. 安全工程本科专业实验课程设置[J]. 安全与环境学报,2006,6(B07):14-16.
[55] 刘嵘. 安全工程专业实验室建设[J]. 安全,2003,24(1):14-16.
[56] 朱顺兵,蒋军成. 安全工程国家特色专业实验教学的研究与实践[J]. 化工高等教育,2010,27(6):54-58.
[57] 张敬东,余明远. 安全工程实践教学综合实验指导书[M]. 北京:冶金工业出版社,2009.
[58] 陆强,乔建江. 安全工程专业实验指导教程[M]. 上海:华东理工大学出版社,2014.
[59] 马建兴,王文才,马强. 安全工程专业实验课教学改革与实践[J]. 实验室科学,2012,15(4):27-30.
[60] 赵玉成,范玲玲,王克丽. 安全工程专业实验教学体系的建设及完善[C]. 第十四届全国电气自动化与电控系统学术年会. 2009.
[61] 杨永良,李增华,侯世松,左树勋. 构建安全科学与工程实验教学平台的探索与实践[J]. 实验室科学,2013,16(1):153-155.
[62] 朱天菊,王林元. 安全工程专业实践教学体系的构建与运行[J]. 实验室科学,2015,18(2):122-124.
[63] 高玉坤,周玉鹏,黄志安,张英华. 安全工程专业实验课程改革与实践[J]. 实验技术与管理,2016,33(12):218-220.
[64] 曹才开. 电工电子技术(上册)[M]. 北京:电子工业出版社,2003.
[65] 孙一坚,沈恒根. 工业通风[M]. 北京:中国建筑工业出版社,2010.
[66] 罗式辉,陈红军. 水泥工业窑热工标定[M]. 武汉:武汉理工大学出版社,1992.
[67] 中国石油化工集团公司安全环保局,高维民,王凯全. 石油化工安全技术[M]. 北京:中国石化出版社,2004.
[68] 高等学校安全工程学科教学指导委员会. 防火防爆技术[M]. 北京:中国劳动社会保障出版社,2008.